Frédéric Zimmermann

Steuerbare Mikrowellendielektrika
aus ferroelektrischen Dickschichten

Für Uwe,

Zur Erinnerung an den 1. FC
Bistro, an die vielen kurzweiligen
Nächte im Hadiko, in der Harmonie
und vielen vielen anderen Lokalitäten
in Karlsruhe.

Dein
Fred

D1694889

Karlsruhe, den 14.4.04

Frédéric Zimmermann

Steuerbare Mikrowellendielektrika aus ferroelektrischen Dickschichten

Bibliografische Information der Deutschen Bibliothek
Die Deutsche Bibliothek verzeichnet diese Publikation in der
Deutschen Nationalbibliografie; detaillierte bibliografische
Daten sind im Internet über http://dnb.ddb.de abrufbar

1. Auflage 2003

© Verlag Mainz, Wissenschaftsverlag, Aachen
Herstellung: Fotodruck Mainz GmbH
Süsterfeldstr. 83, 52072 Aachen
Tel. 0241/87 34 34
www.verlag-mainz.de

ISBN 3-86130-231-4
Dissertation an der Universität Fridericana Karlsruhe

Vorwort

Die vorliegende Arbeit entstand während meiner Tätigkeit als wissenschaftlicher Assistent des Instituts für Werkstoffe der Elektrotechnik der Universität Fridericiana zu Karlsruhe. Sie wurde aus Mitteln des Projektes NMT #03 N 10574 des Bundeministeriums für Bildung und Forschung, Projektträger Jülich, Geschäftsbereich Neue Materialien und Chemische Technologien finanziell gefördert.

An erster Stelle bedanke ich mich bei Frau Prof. Dr.-Ing. Ellen Ivers-Tiffée, für die Ermöglichung und Förderung dieser Arbeit und für das mir entgegengebrauchte Vertrauen, das mir in hohem Maße selbstständiges Arbeiten ermöglichte.

Herr Prof. Dr.-Ing. Rolf Jakoby vom Institut für Hochfrequenztechnik der Technischen Hochschule Darmstadt gab nützliche Hinweise, übte konstruktive Kritik und übernahm freundlicherweise das Korreferat. Ihm bin ich ebenfalls zu großem Dank verpflichtet.

Von besonderem Wert waren für mich auch die intensive Betreuung und die hilfreichen Ratschläge von Herrn Dr.-Ing. Wolfgang Menesklou.

Herrn Dipl.-Phys. Wolfram Wersing danke ich für die vielen wertvollen Tips und das Korrekturlesen meiner Arbeit.

Hervorheben möchte ich auch die Unterstützung durch die Damen und Herren Dipl.-Phys. Michael Voigts, M. Sc. Jin Xu, Dr.-Ing. Carsten Weil, Dipl.-Chem. Florian Paul und Frau Sylvia Schöllhammer und die jederzeit fruchtbare Zusammenarbeit innerhalb unserer Mikrowellendielektrika-Arbeitsgruppe.

Die Zusammenarbeit mit meinem Diplomanden Dipl.-Ing. Ulrich Hackenberg, meinen Studienarbeitern Dipl.-Ing. Steffen Liebstückel und Dipl.-Ing. Rainer Stahl sowie meiner Seminarbeiterin Dipl.-Chem. Birgit Schneider war immer sehr freundschaftlich und produktiv. Meine Hilfswissenschaftler und alle anderen Mitarbeiter des Instituts für Werkstoffe der Elektrotechnik seien an dieser Stelle ebenfalls genannt. Besonders möchte ich Herrn Alwin Hertweck und die stundenlangen Polierarbeiten erwähnen, die er für meine Arbeit durchgeführt hat.

Zu guter Letzt bedanke ich mich ganz herzlich bei meiner Frau Marina für die liebevolle Unterstützung während der Zeit meiner Promotion, meinen Eltern Françoise und Gerd und meinem Bruder Dominique.

F. ZIMMERMANN

Inhaltsverzeichnis

1 **Einleitung**   1

2 **Grundlagen**   5
  2.1 Dielektrische Materialien 5
    2.1.1 Definition 5
    2.1.2 Dielektrische Verluste 6
    2.1.3 Feldabhängigkeit von Dielektrika 6
    2.1.4 Materialsysteme mit steuerbarer Permittivität 11
      2.1.4.1 Barium-Strontium-Titanat 11
      2.1.4.2 Silber-Tantalat-Niobat 12
  2.2 Anwendung der Feldtheorie auf Messstrukturen 15
    2.2.1 Plattenkondensatoren 15
    2.2.2 Interdigitalkondensatoren 16
    2.2.3 Streu- und Transfermatrizen 19
    2.2.4 Koplanare Wellenleiter 21
      2.2.4.1 Beschreibung mit Leitungsparametern 22
      2.2.4.2 Ergebnisse für Koplanarwellenleiter auf zweischichtigem Substrat .. 24
    2.2.5 Phasenschieber 27
    2.2.6 Numerische Feldberechnung 28

3 **Präparation**   31
  3.1 Analytik 31
  3.2 Pulverherstellung 33
  3.3 Dichte Keramiken 35
  3.4 Dickschichtpräparation 36
    3.4.1 Siebdruck 36

3.4.2 Pyrolysieren und Sintern 39

3.4.3 Ermittlung der Einbrenntemperatur für $Ba_{0,6}Sr_{0,4}TiO_3$ 40

3.4.4 Ermittlung der Einbrenntemperatur für $Ag(Ta,Nb)O_3$ 42

3.4.5 Bestimmung der Porosität 43

3.5 Herstellung der Elektroden 43

    3.5.1 Elektroden für dichte Bulkkeramik 44

    3.5.2 Elektroden für Dickschichten 44

    3.5.3 Lift-Off-Verfahren 46

    3.5.4 Galvanisches Verstärken 48

4 Messtechnik 51

4.1 Niederfrequenzmesstechnik 51

    4.1.1 Niederfrequenzmessplätze 52

    4.1.2 Kalibrierung der Niederfrequenzmessplätze 53

4.2 Hochfrequenzmesstechnik 54

    4.2.1 Aufbau des Hochfrequenzmessplatzes 55

    4.2.2 Gerader Leitungsresonator 56

    4.2.3 Auswerteroutine des Leitungsresonators 59

4.3 Bewertung der Messmethoden 61

    4.3.1 Bewertung der Niederfrequenz-Messtechnik 61

        4.3.1.1 Fehleranalyse: Plattenkondensatoren 62

        4.3.1.2 Fehleranalyse: Interdigitalkondensator 65

        4.3.1.3 Vergleich Plattenkondensator - Interdigitalkondensator 66

    4.3.2 Bewertung der Hochfrequenz-Messtechnik 68

5 Experimentelle Ergebnisse 71

5.1 Dielektrische Eigenschaften von $Ba_{0,6}Sr_{0,4}TiO_3$ 72

    5.1.1 Niederfrequenzeigenschaften dichter und poröser $Ba_{0,6}Sr_{0,4}TiO_3$-Keramiken . 72

    5.1.2 Elektrische Charakterisierung poröser $Ba_{0,6}Sr_{0,4}TiO_3$-Dickschichten 74

5.2 Dielektrische Eigenschaften von $Ag(Ta,Nb)O_3$ 75

    5.2.1 Niederfrequenzeigenschaften dichter $Ag(Ta,Nb)O_3$-Keramik 75

    5.2.2 Vergleich mit $Ag(Ta,Nb)O_3$ Einkristallen 78

    5.2.3 Elektrische Charakterisierung poröser $Ag(Ta,Nb)O_3$-Dickschichten 81

6 Modellierung 85

6.1 Modellierung der Steuerbarkeit 85

6.2 Modellierung der Abhängigkeit der Permittivität von der Porosität 89

7 Vergleich und Bewertung der unterschiedlichen Materialsysteme 93

7.1 Verluste 93

7.2 Temperaturabhängigkeit 94

7.3 Steuerbarkeit 95

8 Potential der Dickschicht beim Einsatz in Phasenschiebern 99

8.1 Konzeption der Phasenschieber 99

    8.1.1 Aktive Zone 101

    8.1.2 Impedanztransformation 105

        8.1.2.1 Anpassung an das konventionelle Design 105

        8.1.2.2 Anpassung an die periodisch belastete Leitung 106

    8.1.3 DC-Entkopplung 107

    8.1.4 Struktur der Phasenschieber 108

8.2 Messergebnisse Phasenschieber 109

8.3 Bewertung der Phasenschieber 113

    8.3.1 Temperaturabhängigkeit 116

    8.3.2 Möglichkeiten zur Optimierung der Phasenschiebereigenschaften 117

8.4 Bewertung der Dickschichttechnik für steuerbare Mikrowellendielektrika 119

9 Zusammenfassung und Ausblick 123

Literaturverzeichnis 127

A Mathematischer Anhang 135

A.1 Formeln für die quasi-statischen Berechnungen 135

    A.1.1 Methode der Teilkapazitäten in Verbindung mit der konformen Abbildung .. 135

    A.1.2 Moduli der elliptischen Integrale des Interdigitalkondensators 139

    A.1.3 Näherungen für die quasi-statische Berechnung dünner Schichten 140

A.2 Zur Auswertung des Leitungsresonators 141

A.3 Kondensator mit unebenen Elektroden 144

A.4 Fehlerrechnung Interdigitalkondensator (IDC) 145

A.5 Fehlerrechnung Koplanarresonator (CPW) 146

B Eigenschaften der Ausgangspulver   **147**

C Technologiedetails   **149**

    C.1 Schleifen und Polieren 149

    C.2 Galvanisches Verstärken 149

D Layout und Dimensionierung der Phasenschieber   **151**

Symbolverzeichnis

Indizes

| $\parallel$ | in Längsrichtung |
| $\perp$ | in Querrichtung |

Formelzeichen

ΔL	Leitungsverlängerung des Resonators durch übergreifende Felder
$\underline{a}_i$	in Tor i eines Mehrtors einlaufende Welle
$\underline{b}_i$	am Tor i eines Mehrtors reflektierte Welle
$\underline{r}$	komplexer Reflexionsfaktor
$\underline{S}_{ij}$	komplexe Streuvariable eines Mehrtors (S-Parameter)
$\underline{T}_{ij}$	komplexe Transfervariable eines Mehrtors
$\vec{H}$	magnetische Feldtärke
A	Platten- bzw. Elektrodenfläche
C	Kapazität
C'	Kapazitätsbelag einer Leitung
C'^{air}	Kapazitätsbelag einer Leitung ohne Dielektrikum
C'_i, C'^{air}_i	Kapazitätsbelag des i-ten Teilraumes mit bzw. ohne Dielektrikum
c_0	Lichtgeschwindigkeit im Vakuum
C_k	Curie-Konstante
C_s	Serienkapazität des CPW-Resonators
$C_{var}, C_{var}^{min}, C_{var}^{max}$	(minimal/maximale) Varaktorkapazität
D	elektrische Verschiebungsdichte
d	Platten- bzw. Elektrodenabstand
$E, \vec{E}$	elektrischen Feldstärke
E_k	elektrische Feldstärke im Korn
F	Helmholtz'sche freie Energie
f	Frequenz
f_g	Grenzfrequenz von Moden (Cut-Off-Frequenz)
f_u, f_o	unterer bzw. oberer -3dB-Frequenzpunkt der Resonanzkurve
f_{bragg}	Bragg-Frequenz der periodisch belasteten Leitung
f_{Rn}	Resonanzfrequenz der n-ten Oberwelle des kurzen CPW-Resonators
g	Spaltbreite (CPW)
h, h_1	Substratdicke
h_2	Schichtdicke
h_3, h_4	unterer bzw. oberer Abstand des Gehäuses von der Elektrodenstruktur
$I\,(,\underline{I})$	(komplexe) Amplitude des Gesamtstroms
K	Gütewert für steuerbare Mikrowellenbauteile

$K(k_i)$	vollständiges elliptisches Integral erster Gattung
k_i	Modul des elliptischen Integrals des i-ten Teilraumes
L	Fingerlänge (IDC)
L_1, L_2	Länge des kurzen bzw. langen Resonators
L'_i	Induktivitätsbelag der hochohmigen Leitung
L_s	Serieninduktivität des CPW-Resonators
l_s	Abstand der Varaktoren auf der periodisch belasteten Leitung
M_{max}, M_{max}	Materialgüte eines steuerbaren Materials (Steuerbarkeit/Verluste)
N	Nichtlinearitätskonstante
n_1, n_2	Übertragungsfaktoren idealer Transformatoren
P	Polarisiation
$p, p_{2,1}, p_{2,2}$	Porosität
P_i	Ausgangswirkleistung am Tor i eines Mehrtors
P_S	spontane Polarisation
p_1, p_2	Energie-Füllfaktor des Substrats bzw. der Dickschicht (CPW)
P_{ges}	mittlere dissipierte Leistung im Resonator und der Beschaltung
$P_{i\,max}$	maximal von der Quelle am Tor i eines Mehrtors abgegebene Wirkleistung
P_R	mittlere dissipierte Leistung im Resonator
Q	Güte eines unbelasteten Resonanzkreises
q_1, q_2	dielektrischer Füllfaktor des Substrats bzw. der Dickschicht (CPW)
Q_L	Güte eines durch Ankopplung belasteten Resonanzkreises
$q_{3,1}, q_{n,1}, q_{end,1}, q_{i,1}$	dielektrische Füllfaktoren des Substrats (IDC)
$q_{3,2}, q_{n,2}, q_{end,2}, q_{i,2}$	dielektrische Füllfaktoren der Dickschicht (IDC)
r	Reflexionsdämpfung
R'	Längswiderstandsbelag einer Leitung
R_s	Oberflächenwirkwiderstand eines Leiters
s	halbe Finger- (IDC) bzw. halbe Innenleiterbreite (CPW)
s_{end}	Breite der Anschlusselektrode (IDC)
T	Temperatur
t	Elektrodendicke
T_0	Curie-Temperatur
T_C	Curiepunkt
T_K	Kalzinierungstemperatur
$T_{S,D}$	Sintertemperatur der Dickschicht
T_S	Sintertemperatur der dichten Keramik
$U\,(,\underline{U})$	(komplexe) Amplitude der Gesamtspannung
$v_1, v_2, v_{2,1}, v_{2,2}$	relative Volumenanteile
v_{ph}	Phasengeschwindigkeit auf der Leitung
w	halbe Spaltbreite (IDC)
w_{end}	halbe Spaltbereite am Fingerende (IDC)
W_{ges}	gespeicherte Gesamtenergie im Leiterquerschnitt pro Längeneinheit
W_i	gespeicherte Gesamtenergie des i-ten Teilraumes pro Längeneinheit
W_R	mittlere gespeicherte Feldenergie im Resonator
x	Ladefaktor der periodisch belasteten Leitung
y	Verhältnis von minimaler zu maximaler Varaktorkapazität

SYMBOLVERZEICHNIS

Z	Bezugswiderstand an den Schaltungstoren
Z	Impedanz
Z_i, Z_e	Eingangswiderstände
Z_L, Z_{L0}	reeller Wellenwiderstand einer Leitung mit bzw. ohne Dielektrikum
Z_{PV}	Wellenwiderstand nach Leistung-Spannungsdefinition
Z_s	Oberflächenimpedanz eines Leiters
$\tan\delta$	Verlustfaktor eines Dielektrikum
$\tan\delta_2$	Verlustfaktor des Substrats
$\tan\delta_{eff}$	effektiver Verlustfaktor
TK_ϵ	Temperaturkoeffizient der Permittivität

Griechische Buchstaben

α	Dämpfungsbelag
β, β_1, β_2	Kopplungsfaktoren im Resonatorersatzschaltbild
χ_e	elektrische Suszeptibilität
$\chi_{e,0}$	elektrische Suszeptibilität ohne elektrisches Feld
$\chi_{e,\infty}$	Asymptote der elektrischen Suszeptibilität bei unendlich hohem angelegten Feld
δ	Verlustwinkel
$\Delta\Phi_{max}$	maximale differentielle Phasenverschiebung
δ_s	Eindringtiefe beim Skineffekt
ϵ_0	elektrische Feldkonstante ($8{,}85 \cdot 10^{-12}$ As/Vm)
ϵ_1	Permittivität des Substrats
ϵ_2	Permittivität der Dickschicht
ϵ_r	Permittivität
ϵ_r'	Realteil der komplexen Permittivität
ϵ_r''	Imaginärteil der komplexen Permittivität
$\epsilon_{r,eff}$	effektive Permittivität
κ_l	Konstante der Lichtenecker-Gleichung
κ_w	Konstante der Wiener-Gleichung
λ	Wellenlänge
λ_0	Wellenlänge im freien Raum
μ_0	Permeabilität des freien Raumes ($4\pi \cdot 10^{-7}$ H/m)
ω	Kreisfrequenz
ω_R	Resonanz-Kreisfrequenz
Φ	Phasenverschiebung auf einer Leitung
σ	spezifische Leitfähigkeit
τ	Steuerbarkeit der Permittivität
X^2	quadratischer Fehlerwert

Abkürzungen

ANO	Silber-Niobat ($AgNbO_3$)
ATN	Silber-Tantalat-Niobat ($Ag(Ta,Nb)O_3$)
ATN80	$AgTa_{0,2}Nb_{0,8}O_3$
ATN90	$AgTa_{0,1}Nb_{0,9}O_3$
ATO	Silber-Tantalat ($AgTaO_3$)
BST	Barium-Strontium-Titanat (($Ba,Sr)TiO_3$)

BST60	Barium-Strontium-Titanat ($Ba_{0,6}Sr_{0,4}TiO_3$)
BTO	Barium-Titanat ($BaTiO_3$)
DTA	Differentielle Thermoanalyse
EDX	energiedispersive Röntgenanalyse
FoM	Figure of Merit
JCPDS	Joint Commitee on Powder Diffraction Standards
KMP	Kryostatmessplatz
LTCC	Low Temperature Cofired Ceramics
PKM	Planetenkugelmühle
RB	Rollenbank
REM	Rasterelektronenmikroskop
RT	Raumtemperatur
SE	Sekundärelektronen
SMP	Stickstoffmessplatz
TEM	Transmissionselektronenmikroskop
VNWA	Vektorieller Netzwerkanalysator
XRD	Röntgendiffraktometer

Kapitel 1

Einleitung

Die zunehmenden Anforderungen an moderne Kommunikationssysteme in Bezug auf Leistung und Flexibilität erfordern eine dynamische Rekonfigurierbarkeit zukünftiger Mikrowellenkomponenten wie z.b. elektronisch steuerbare Antennensubsysteme oder abstimmbare Hochfrequenzkomponenten. Einsatzmöglichkeiten solcher Komponenten sind bestehende und geplante Mobilfunksysteme wie GSM (0,5 GHz, 1 GHz, 2 GHz) und UMTS (0,6 GHz, 2 GHz). Weitere potentielle Anwendungen sind GPS (Global Positioning Satellite, 1,5 GHz) oder auch kabelose Datenübertragung wie z.B. Bluetooth (1,9 GHz, 2,45 GHz). Ferner ist für die kommenden Jahre die Implementierung neuer Satellitennetze für breitbandige Multimedia-Kommunikation für zumeist ortsfeste, zum Teil aber auch mobile Terminals geplant [69]. Vorgesehene Frequenzbänder sind das Ku-Band (Skybridge, Alcatel, 10,7 bis 17,8 GHz) und das Ka-Band (ICO/Teledesic, 26 bis 40 GHz). Elektronisch steuerbare bzw. adaptive Antennen im Mikrowellenbereich (24 GHz, 38 GHz, 60 GHz, 77 GHz, 94 GHz) sind Schlüsselkomponenten der industriellen und der Kfz-Radarsensorik [95].

Neuen Generationen von Antennen mit elektronischer Strahlschwenkung (Phased-Array-Antennen) wird ein großes Marktpotential vorhergesagt. Vorraussetzung ist, dass es gelingt, sie so zu realisieren, dass sie den Anforderungen einer kostengünstigen und zuverlässigen Massenproduktion genügen. Phased-Array-Antennen bestehen aus einer Matrix von einzelnen Antennenelementen. Schlüsselelemente dieser Antennen sind phasensteuernde Bauteile, auch Phasenschieber genannt, die vor jedes Antennenelement geschaltet werden. Die Signale der einzelnen Elemente interferieren. Der Strahl der Antenne erhält eine Vorzugsrichtung, die durch die gezielte Ansteuerung der Phasenschieber variiert werden kann.

Seit etwa 1960 werden Phasenschieber mit aktiven Komponenten aus PIN-Dioden oder GaAs-Schottky-Dioden gebaut. Deren wesentliche Nachteile bestehen in der hohen Dämpfung und in der geringen übertragbaren Hochfrequenzleistung. Alternativ werden ferritische Bauelemente zum Aufbau passiver Phasenschieber eingesetzt. Sie sind aber aufgrund ihrer komplizierten Systemintegration teuer und benötigen hohe Steuerleistungen. Beide Konzepte eignen sich daher nur unzureichend für moderne Kommunikations- und Radaranwendungen.

Gegenstand gegenwärtiger Untersuchungen sind Phasenschieber mit mikromechanischen Komponenten (MEMS) [6,7] und supraleitende Schaltungen mit SQUIDs (Superconducting Quantum Interference Devices) oder Josephson-Kontakten [26,100]. Auch wird der Einsatz von Halbleiterdioden mit geringen Verlusten besonders für digitale Phasenschieberkonzepte untersucht [27].

Die in der vorliegenden Arbeit untersuchte alternative Möglichkeit zum Aufbau von Phasenschiebern basiert auf nichtlinearen Dielektrika, deren Permittivität durch Anlegen eines elektrostatischen Feldes gesteuert werden kann. Ihr Einsatz in einem passiven Phasenschieberkonzept bietet einige potentielle Vorteile gegenüber den etablierten Technologien, wie z.B. die Möglichkeit der leistungslosen Steuerung mit geringen Ansprechzeiten, hohe Systemintegration und die Übertragung großer Hochfrequenzleistungen.

Daneben kann die Eigenschaft der steuerbaren Permittivität auch für zahlreiche zusätzliche Anwendungen im Mikrowellenbereich verwertet werden, wie zum Beispiel in spannungsgesteuerten Oszillatoren, Modulatoren, Interferometern mit Phasennachführung oder steuerbaren Filtern.

Vorwiegend auf ihre Eignung als steuerbare Mikrowellendielektrika untersuchte Materialsysteme sind Strontium-Titanate für Niedertemperaturanwendungen (< 80 K) [16, 99] und Barium-Strontium-Titanate (BST) für Raumtemperaturanwendungen [15, 29, 119]. Im Vergleich zur hohen Permittivität und der hohen Temperaturabhängigkeit der BST-Keramik zeigen Dünn- und Dickschichten eine deutlich geringere Permittivität und ermöglichen damit erst einen sinnvollen Einsatz in der Mikrowellentechnik.

In den USA konzentrieren sich die auf eine Anwendung als steuerbares Mikrowellendielektrika zielenden Untersuchungen vorwiegend auf epitaktische BST-Dünnschichten [1, 2, 15, 29, 119]. Diese werden hauptsächlich auf einkristalline Substrate wie MgO oder Saphir aufgebracht. Durch die unterschiedlichen Gitterparameter von Substrat und BST-Schicht werden mechanischen Spannungen in die Dünnschicht eingebracht, die sowohl die Permittivität als auch die Temperaturabhängigkeit senken. Großflächige Proben können jedoch nur mit unverhältnismäßig hohem Kostenaufwand hergestellt werden, und die chemische Zusammensetzung kann nicht so flexibel geändert werden, wie dies bei Keramiken möglich ist.

Im Gegensatz dazu vereinen keramische Dickschichten die Vorteile geringer Permittivität, kostengünstiger Herstellung großflächiger Proben und den Vorteil flexibler Materialvariation. Die Dickschichttechnologie ermöglicht eine Strukturierung der hergestellten Schichten schon beim Druckvorgang auf das Substrat. Ein weiterer Vorteil der Dickschicht- im Vergleich zur Dünnschichttechnologie ist die Unabhängigkeit der dielektrischen Eigenschaften vom verwendeten Substrat, die somit durch interne mechanische Spannungen aufgrund der unterschiedlichen Gitterparameter von Substrat- und Schichtmaterialien nicht beeinflusst werden. Dickschichten besitzen damit eine günstige Voraussetzung zur Integration in Low Temperature Cofired Ceramics (LTCC).

Die derzeit untersuchten Materialsysteme weisen jedoch eine für den Einsatz in kommerziellen Systemen zu große Temperaturabhängigkeit und zu hohe Verluste im Mikrowellenbereich auf. Eine Verringerung der Temperaturabhängigkeit kann durch eine starke Erhöhung der Materialporosität [4, 106] erreicht werden. Bei dieser Methode wird gleichzeitig auch die effektive Permittivität gesenkt, was zur Impedanzanpassung in gängigen Mikrowellenschaltungen von Vorteil ist. Von Nachteil ist jedoch das damit verbundene Absenken der Steuerbarkeit. Lösungsversuche zur Reduzierung der Verluste sind das Beimengen von verlustarmen Materialien wie z.B. MgO [96], wobei auch dieser Ansatz zu einer starken Senkung der Steuerbarkeit führt. Wie anhand von Messungen an Keramiken nachgewiesen, hat die Korngröße ebenfalls einen großen Einfluss auf Temperaturabhängigkeit und Verluste. Dieser wird durch den sogennanten „Size-Effekt" [5, 9, 60, 71] beschrieben.

Da poröse, feinkörnige Dickschichten bisher noch wenig untersucht wurden, sollen in der vorliegenden Arbeit entsprechende BST-Dickschichten hergestellt werden, um dadurch die Temperaturabhängigkeit und die Verluste zu senken, ohne die Steuerbarkeit stark zu beeinflussen. Darüber hinaus sollen Dickschichten aus einem Materialsystem mit günstigeren elektrischen Eigenschaften hergestellt und charakterisiert werden, das nur unzureichend auf Steuerbarkeit untersucht wurde. Da die Methoden zur Charakterisierung steuerbarer Dielektrika vorwiegend für Dünnschichten entwickelt wurde, müssen hierfür Messmethoden angepasst bzw. neue Methoden entwickelt werden.

Der Schwerpunkt bei der Entwicklung der Dickschichten liegt auf der Verringerung der Temperaturabhängigkeit und der Verluste unter Beibehaltung der Steuerbarkeit. Dabei muss der Einfluss der Mikrostruktur auf die dielektrischen Eigenschaften untersucht werden. Die Ermittlung der optimalen Präparationsparameter der Dickschichten ist in Abschn. 3 beschrieben.

Für die Charakterisierung der elektrischen Eigenschaften der steuerbaren Dielektrika im Nieder- und Hochfrequenzbereich werden Methoden entwickelt und qualifiziert, die eine Bewertung der Temperaturabhängigkeit der Materialien ermöglichen (Abschn. 4). Zur Charakterisierung der Steuerbarkeit müssen Möglichkeiten zur Überlagerung der Messspannung mit einer hohen Gleichspannung gefunden werden. Die Bewertung der entwickelten Messmethoden erfolgt sowohl über eine Größtfehlerabschätzung (Worst-Case Analyse) als auch über den Vergleich mit numerischen Feldberechnungen. Anhand der mit diesen Methoden in Abschn. 5 gewonnenen Ergebnisse werden Modelle zur Beschreibung der Permittivität und der Steuerbarkeit in Abhängigkeit der angelegten Steuerspannung und der Porosität in Abschn. 6 weiterentwickelt und angewandt. Diese Modelle ermöglichen eine Bewertung des Potentials der Dickschichten für ihre Anwendung als steuerbare Mikrowellendielektrika (Abschn. 7).

Um den anwendungstechnischen Bezug der entwickelten Dickschichten aufzuzeigen und deren Leistungsbewertung zu ermöglichen, werden in Abschn. 8 Modelle vorgestellt, die es erlauben, aufgrund der gemessenen Materialparameter das Potential beim Einsatz in Phasenschiebern vorherzusagen. Weiterhin können die Modelle zur Optimierung des Designs der Phasenschieber unter Berücksichtigung der Materialparameter verwendet werden. Es werden Phasenschieber in zwei unterschiedlichen Designs realisiert und deren Vor- und Nachteile bewertet.

Kapitel 2

Grundlagen

In diesem Kapitel werden die zum besseren Verständnis der materialspezifischen Eigenschaften steuerbarer dielektrischer Materialien und die zu deren Messung notwendigen feldtheoretischen Grundlagen behandelt.

Zunächst wird auf die Materialeigenschaften von Dielektrika im Allgemeinen und Ferroelektrika im Speziellen eingegangen. Es werden bekannte Modelle zur Beschreibung der Steuerbarkeit vorgestellt. Im Anschluss daran wird auf die strukturellen Eigenschaften und die chemische Zusammensetzung der in dieser Arbeit untersuchten ferroelektrischen Perowskite eingegangen.

Weiterhin werden die Grundlagen für die benötigte elektrische Feldtheorie behandelt. Dabei wird der Schwerpunkt auf die Berechnung der elektrischen Materialeigenschaften von zweischichtigen Substraten gesetzt. Es werden die verwendeten Probengeometrien und die zur Extrahierung der Materialparameter erforderlichen Berechnungsmethoden vorgestellt.

2.1 Dielektrische Materialien

2.1.1 Definition

Stoffe mit geringer elektrischer Leitfähigkeit ($\sigma < 10^{-10}$ S/cm), die dadurch von einem elektrischem Feld E durchdrungen werden können, nennt man Dielektrika [75]. Zu den Dielektrika gehören Gase, Flüssigkeiten und Festkörper. Bringt man in einen Plattenkondensator ein Dielektrikum ein, steigt die Ladung auf den Platten an, da durch die Wechselwirkung zwischen Feld und Dielektrikum im Material Dipole induziert oder permanente Dipole ausgerichtet werden. Diesen Vorgang nennt man Polarisation. Er kann dadurch beschrieben werden, dass die elektrische Verschiebungsdichte D in einem Plattenkondensator

$$D = \epsilon_0 E \tag{2.1}$$

(ϵ_0 = elektrische Feldkonstante mit $8{,}85 \cdot 10^{-12}$ As/Vm) sich beim Einbringen eines Dielektrikums um die hervorgerufene Polarisation P erhöht:

$$D = \epsilon_0 E + P \tag{2.2}$$

Im einfachsten Fall besteht ein linearer Zusammenhang zwischen der elektrischen Feldstärke E und der Polarisiation P:

$$P = \epsilon_0 \chi_e E \qquad (2.3)$$

Hier ist χ_e die elektrische Suszeptibilität. Die Steuerbarkeit von Dielektrika basiert jedoch auf einem nichtlinearen Zusammenhang von P und E. In diesem Fall entspricht χ_e der Steigung der über E aufgetragenene Kurve P am jeweiligen Punkt und somit:

$$\chi_e = \frac{1}{\epsilon_0} \frac{\partial P}{\partial E} \qquad (2.4)$$

Anstelle der Suszeptibilität χ_e kann auch die Permittivität $\epsilon_r = \chi_e + 1$ verwendet werden. Die Permittivität ϵ_r kann von der Richtung, in der das Material durchdrungen wird, abhängig sein und ist daher ein Tensor.

2.1.2 Dielektrische Verluste

Reale Dielektrika sind nicht verlustfrei. Bei niedrigeren Frequenzen ist eine geringe Gleichstromleitfähigkeit der bestimmende Verlustfaktor, der aber bei höheren Frequenzen (oberhalb ca. 100 Hz) bedeutungslos wird. Bei höheren Frequenzen treten andere frequenzabhängige Verlustmechanismen in Erscheinung (Bild 2.1), weshalb zu Feldberechnungen eine komplexe frequenzabhängige Dielektrizitätszahl

$$\underline{\epsilon}_r(f) = \epsilon'_r - j\epsilon''_r \qquad (2.5)$$

verwendet wird.

Der ebenfalls frequenzabhängige Verlustfaktor eines Dielektrikums wird durch den Betrag des Quotienten aus Imaginärteil und Realteil der komplexen Dielektrizitätszahl definiert:

$$\tan \delta = \frac{\epsilon''_r}{\epsilon'_r} \qquad (2.6)$$

Der Winkel δ ist ein Messwert für die Abweichung der imaginären von der realen Permittivität.

Bei den in dieser Arbeit untersuchten Dickschichten treten darüber hinaus noch weitere Verlustmechanismen auf. Dabei handelt es sich um durch Relaxationsprozesse bedingte Verluste, deren Ursachen noch nicht genau geklärt sind [10, 57, 71, 121]. Eine Diskussion der in den untersuchten Dickschichten auftretenden Verluste findet in Abschn. 7.1 statt.

2.1.3 Feldabhängigkeit von Dielektrika

Bei steuerbaren Dielektrika hängt die Permittivität stark von der wirksamen elektrischen Feldstärke im Material ab. Die Mehrzahl der derzeit untersuchten steuerbaren Dielektrika sind Ferroelektrika. Der Name Ferroelektrika entstand aus der Analogie zu den Ferromagnetika, obwohl kein Eisen in ihnen vorhanden ist und die Ferroelektrizität auf einem völlig unterschiedlichen Mechanismus beruht. Die Ferroelektrizität beruht auf einer elektrischen Polarisation des Kristallgitters, aufgrund der Verschiebung von Ionen aus ihren Gleichgewichtspositionen.

Ferroelektrika besitzen eine spontane elektrische Polarisation in einem bestimmten Temperaturbereich in Abwesenheit eines externen elektrischen Feldes. Die Richtung der Polarisation kann durch

2.1. DIELEKTRISCHE MATERIALIEN

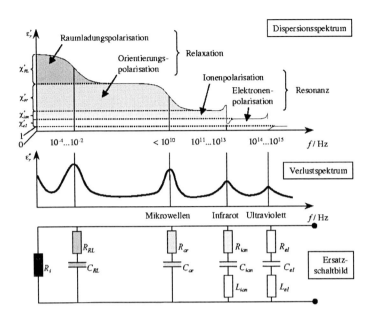

Bild 2.1: Stark vereinfachte Darstellung der Frequenzabhängigkeit von $\chi_e(f)$ und $\epsilon_r(f)$ für dielektrische Keramiken. In der Realität treten meist mehrere Polarisationen des gleichen Grundtyps mit unterschiedlichen Dispersionsfrequenzen auf, so dass sehr komplexe Strukturen entstehen. [89]

anlegen eines externen elektrischen Feldes umgekehrt werden. Bild 2.2 zeigt die Hysteresekurve der Polarisation bei der Variation des elektrischen Feldes.

Ferroelektrika weisen bei der Übergangstemperatur T_C einen Phasenübergang auf. Sowohl die ferroelektrische Hysterese als auch die spontane Polarisation verschwinden, und übrig bleibt nur noch die feldabhängige Polarisation. Diesen Zustand oberhalb T_C nennt man paraelektrischen Zustand. Bei der ferroelektrischen Übergangstemperatur T_C, auch Curiepunkt genannt, weist die Permittivität ein deutliches lokales Maximum auf.

Unterhalb T_C kommt es zu Domänenausbildung. Domänen sind Bereiche gleicher Polarisationsrichtung, die eine Verringerung elektrischer und mechanischer Spannungsfelder bewirken. Ein angelegtes elektrisches Feld vergrößert die vorwiegend in Richtung des Feldes polarisierten Domänen auf Kosten vorwiegend entgegengesetzt polarisierter. Dieser Vorgang geht einher mit Domänenwandverschiebungen und führt zur Bildung der in Bild 2.2 dargestellten Hysterese. Er ist somit die Ursache des relativ hohen Verlustfaktors ferroelektrischer Dielektrika bei Frequenzen $f < 1\,\mathrm{MHz}$.

Bei manchen Materialien tritt auch ein antiferroelektrischer Bereich auf, bei dem die vorhandene spontane Polarisation in den verschiedenen Domänen in entgegengesetzter Richtung zeigt. Die resultierende Polarisation hat somit makroskopisch gesehen einen Durchschnitt von Null. Die $P(E)$-Kurve von antiferroelektrischen Materialien ähnelt bis zu einer gewissen Feldstärken der paraelektrischer Materialien. Bei hohen Feldstärken kann jedoch bei antiferroelektrischen Materialien durch ein Umklappen der Domänen in eine Vorzugsrichtung eine Hysterese auftreten.

8 KAPITEL 2. GRUNDLAGEN

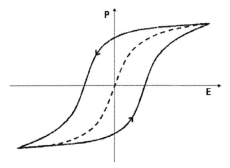

Bild 2.2: Polarisation als Funktion des angelegten elektrischen Feldes. Die durchgezogene Linie wird von einem Material im ferroelektrischen Bereich durchfahren, die unterbrochene im paraelektrischen Bereich. [89]

Die in dieser Arbeit untersuchten ferroelektrischen Oxidkeramiken kristallisieren in der Perowskitstruktur. Die ideale Perowskit-Elementarzelle besteht aus einem Sauerstoff-Oktaeder, der ein verhältnismäßig kleines Zentralion (B) enthält. Der Platz an den Ecken der Elementarzelle wird durch die größeren A-Ionen besetzt. Die allgemeine Summenformel der Perowskite lautet somit ABO_3.

Die atomistische Betrachtung der Ferroelektrizität soll hier anhand des Barium-Titanats (BTO) erfolgen. Die Wertigkeiten der in dieser Zusammensetzung auftretenden Ionen lauten:

$Ba^{2+}Ti^{4+}O_3^{2-}$

Die Permittivität in einem ferroelektrischen Perowskit ist sehr hoch und stark temperaturabhängig (siehe Bild 2.3). Am Curiepunkt, der Temperatur, bei der die Perowskitstruktur ausgehend von hohen Temperaturen von kubisch zu tetragonal wechselt, erreicht die Permittivität ihr Maximum. Sie ist oberhalb des Curiepunktes isotrop, da hier bei nicht angelegtem Feld eine unverzerrte kubische Perowskitzelle vorliegt, und folgt dem Curie-Weiss-Gesetz von Gl. 2.12.

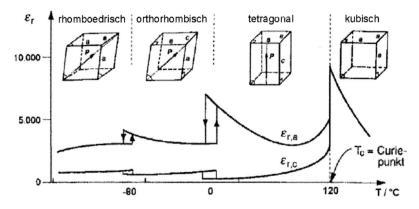

Bild 2.3: Temperaturgang der Dielektrizitätszahl für $BaTiO_3$-Einkristalle [89]

2.1. DIELEKTRISCHE MATERIALIEN

Im paraelektrischen Zustand besitzt Bariumtitanat eine der kubischen Perowskitstruktur (siehe Bild 2.4 links). Bei 120 °C ist die Gitterkonstante $a = 3{,}996$ Å. In diesem Zustand sind keine Dipolmomente vorhanden, da die Ladungsmittelpunkte der positiven und negativen Ionen in der Mitte der Elementarzelle zusammenfallen. Beim Übergang in die ferroelektrische, tetragonale Phase springen die Ionen in neue Posititionen (Gitterkonstanten $a' = 3{,}992$ Å und $c = 4{,}036$ Å bei 20 °C).

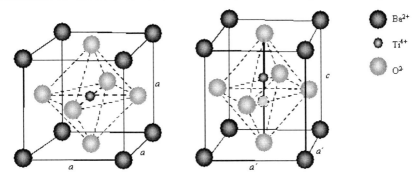

Bild 2.4: *Paraelektrischer und ferroelektrischer Zustand in BaTiO$_3$* [101]

Wie in Bild 2.4 rechts zu sehen ist, besitzt das Ti^{4+}-Ion in dieser Phase zwei Gleichgewichtslagen. Die untere ist in diesem Bild gestrichelt eingezeichnet. Die Ladungsschwerpunkte der Ionen fallen jetzt nicht mehr zusammen, und die tetragonale Elementarzelle erhält dadurch ein Dipolmoment. Durch Kopplung mit Nachbardipolen bilden sich größere Kristallbereiche mit parallel orientierten Dipolen aus, und eine makroskopische spontane Polarisation P_S entsteht.

In der Nähe des ferroelektrischen Phasenübergangs ist das Kristallgitter nicht mehr so streng an seine Struktur gebunden. Ein extern angelegtes Feld kann das durchschnittliche Momentengleichgewicht stören und das Gitter verzerren. Das Material weist dadurch eine Steuerbarkeit auf.

Für große Suszeptibilitäten $\chi_e \gg 1$ gilt $\chi_e \approx \epsilon_r$. Mit Gl. 2.4 erhält man die Feldstärkeabhängigkeit der Permittivität (Bild 2.5), wenn man die Steigung der in Bild 2.2 gezeigten Kurve über der Feldstärke aufträgt.

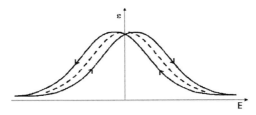

Bild 2.5: *Permittivität als Funktion des angelegten elektrischen Feldes. Die durchgezogene Linie wird von einem Material im ferroelektrischen Bereich durchfahren, die unterbrochene von paraelektrischen Materialien.* [89]

Die Steuerbarkeit τ der Permittivität ϵ_r in Abhängigkeit vom elektrischen Feld E ist in dieser Arbeit folgenderweise definiert:

$$\tau(E) = \frac{\epsilon_r(E_0) - \epsilon_r(E)}{\epsilon_r(E_0)} \qquad (2.7)$$

wobei $\epsilon_r(E_0)$ der Permittivität ohne angelegtem Feld entspricht.

Im folgenden sollen Modelle zur Beschreibung der Abhängigkeit der Suszeptibilität vom angelegten elektrischen Feld vorgestellt werden. Ausgangspunkt ist die Reihenentwicklung der Helmholtz'schen freien Energie F in Potenzen der Polarisation für den Fall von nicht geklemmten ein- bzw. polykristallinen Perowskiten im paraelektrischen Bereich:

$$F(T,P) = F(T,0) + A(T - T_0)P^2 + BP^4 + \cdots \qquad (2.8)$$

Dabei ist T die Temperatur, T_0 die Curie-Temperatur und P die Polarisation. Die Curie-Temperatur T_0 liegt einige Grad unterhalb des Curiepunktes T_C. Durch Einsetzen von

$$E = \frac{\partial F}{\partial P} \qquad (2.9)$$

und der umgeformten Gl. 2.4

$$\frac{\partial E}{\partial P} = \frac{1}{\chi_e \epsilon_0} \qquad (2.10)$$

in Gleichung 2.8 folgt unter Vernachlässigung der Glieder mit Potenzen von P größer als 4:

$$\frac{\partial^2 F}{\partial P^2} = \frac{1}{\chi_e \epsilon_0} \approx 2A(T - T_0) + 12BP^2 \qquad (2.11)$$

Die Umformung von Gl. 2.4 nach Gl. 2.10 ist aufgrund der Eindeutigkeit von $P(E)$ erlaubt.

Für $P = 0$ und Auflösen nach χ_e erhält man das Curie-Weiss-Gesetz:

$$\chi_{e,0}(T) \approx \frac{1}{2A\epsilon_0(T - T_0)} = \frac{C_k}{T - T_0} \approx \epsilon_{r,0}(T) \qquad (2.12)$$

mit der Curie-Konstanten

$$C_k = \frac{1}{2A\epsilon_0} \qquad (2.13)$$

Das Curie-Weiss-Gesetz beschreibt den Verlauf der Suszeptibilität bei Temperaturen oberhalb des Curie-Punktes und somit ohne spontane Polarisation.

Für niedrige Steuerfelder kann in Gl. 2.3 die Polarisation $P = \epsilon_0 \cdot \chi_{e,0} \cdot E$ eingesetzt werden [10, 86]. Daraus folgt aus Gl. 2.11:

$$\frac{1}{\chi_e \epsilon_0} \approx 2A(T - T_0) + 12B\epsilon_0^2 \chi_{e,0}^2 E^2 \qquad (2.14)$$

Mit Gleichung 2.12 und

$$N = 12B\epsilon_0^3 \qquad (2.15)$$

(N = Nichtlinearitätskonstante) erhält man

$$\chi_e \approx \frac{\chi_{e,0}}{1 + N\chi_{e,0}^2 E^2} \qquad (2.16)$$

Für hohe Steuerfelder wird beim Einsetzen von Gl. 2.3 in Gl. 2.11 das bei der jeweiligen Feldestärke wirkende χ_e eingesetzt [51]:

$$\frac{1}{\chi_e \epsilon_0} \approx 2A(T - T_0) + 12B\epsilon_0^2 \chi_e^2 E^2 \qquad (2.17)$$

2.1. DIELEKTRISCHE MATERIALIEN

Mit Gl. 2.12 und Gl. 2.15 erhält man

$$\frac{1}{\chi_e} \approx \frac{1}{\chi_{e,0}} + N\chi_e^2 E^2. \tag{2.18}$$

Durch längeres Umformen folgt daraus

$$\frac{\chi_e}{\chi_{e,0}} \approx \frac{\left(1 + \frac{\chi_e^3}{\chi_{e,0}^3} - \frac{\chi_e}{\chi_{e,0}}\right)^{\frac{1}{3}}}{\left(1 + N\chi_{e,0}^3 E^2\right)^{\frac{1}{3}}} \tag{2.19}$$

wobei durch eine Reihenentwicklung nachgewiesen werden kann, dass der Zähler bei hohen Steuerbarkeiten zu 1 vereinfacht werden kann (Fehler $\approx 15\%$ bei $\tau = 50\%$). Somit folgt für hohe Steuerfelder:

$$\chi_e \approx \chi_{e,0} \left[1 + N\chi_{e,0}^3 E^2\right]^{-\frac{1}{3}}. \tag{2.20}$$

2.1.4 Materialsysteme mit steuerbarer Permittivität

In diesem Abschnitt werden die kristallographischen und die dielektrischen Eigenschaften der in dieser Arbeit untersuchten Materialssysteme beschrieben.

Bei den untersuchten Materialien handelt es sich erstens um Barium-Strontium-Titanat (BST), dessen Steuerbarkeit als dichte Keramik und Dünnschicht, wie in der Einleitung erwähnt, bereits von vielen Arbeitsgruppen untersucht wurde [15, 29, 119].

Als zweites Material wurde aufgrund der um eine Dekade niedrigeren Permittivität und guter Verlusteigenschaften Silber-Niobat-Tantalat (ATN) ausgewählt [31, 53].

2.1.4.1 Barium-Strontium-Titanat

Durch isovalente Substitution von Ba^{2+} mit Sr^{2+} (A-Platz), kann der Curiepunkt T_C vom Bariumtitanat verschoben werden, ohne dass dabei der Verlauf oder die Größe der Permittivität stark beeinflusst wird (Bild 2.6). Damit ist es möglich durch Variation des Barium zu Strontium Verhältnisses T_C und somit die maximale Steuerbarkeit auf Raumtemperatur zu schieben (siehe auch Abschn. 2.1.3 und [10]). Wie in Bild 2.7 zu sehen ist, steigen die Verluste mit sinkender Temperatur. Betrachtet man nur die Verluste, befindet sich die optimale Anwendungstemperatur möglichst weit rechts des Curiepunktes. Bei der Wahl des optimalen Barium zu Strontium Verhältnisses für Raumtemperaturanwendungen wird ein Kompromiss zwischen hoher Steuerbarkeit und niedrigen Verlusten geschlossen. Der Bereich zur Nutzung dichter BST-Keramiken als steuerbare Dielektrika liegt somit im Paraelektrischen und erstreckt sich bis zu 40°C über den Curiepunkt. Eine technische Anwendung im steuerbaren Bereich unterhalb des Curiepunktes ist aufgrund der hohen Verluste fraglich [35].

Für diese Arbeit wurde die Zusammensetzung zu $Ba_{0,6}Sr_{0,4}TiO_3$ festgelegt. Bei diesem Mischverhältnis ist bei Raumtemperatur der Quotient von hoher Steuerbarkeit und niedrigen Verlusten maximal. Dieses Material wird im folgenden BST60 genannt.

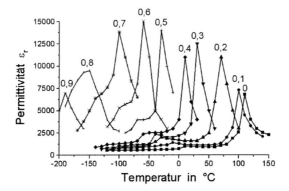

Bild 2.6: *Temperaturabhängigkeit der Permittivität ϵ_r von $Ba_{1-x}Sr_xTiO_3$-Keramiken in Abhängigkeit des Parameters x mit $0 \leq x \leq 1$ ($f = 740\,kHz$) [64]*

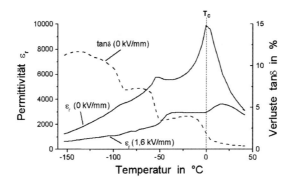

Bild 2.7: *Permittivität ϵ_r und Verluste $tan\delta$ einer $Ba_{0,4}Sr_{0,6}TiO_3$ Keramik ($f = 1\,kHz$) [109]*

2.1.4.2 Silber-Tantalat-Niobat

Im Vergleich zu dem oben aufgeführten Materialsystem weist Silber-Tantalat-Niobat (ATN) die Vorteile niedriger Permittivität und geringer dielektrischer Dispersion in einem weiten Frequenzband von 1 kHz bis 100 GHz auf [111]. Die niedrigen Verluste von ATN bieten Anwendungsmöglichkeiten in Hochfrequenzbauteilen, wie z.B. in Bandpass-Filtern für den unteren GHz-Bereich [104]. Obwohl mehrere Veröffentlichungen die Struktur und die dielektrischen Eigenschaften von ATN beschreiben [31, 53, 80], wurden erst in den letzten zwei Jahren erste Untersuchungen an diesem Material in Bezug auf Steuerbarkeit veröffentlicht [19, 62].

Die Wertigkeiten der auf Silber-Tantalaten bzw. Niobaten basierenden Materialsysteme sind wie folgt:

2.1. DIELEKTRISCHE MATERIALIEN

$Ag^{1+}Ta^{5+}O_3^{2-}$ (ATO) bzw. $Ag^{1+}Nb^{5+}O_3^{2-}$ (ANO)

Durch isovalente Substitution werden Ta^{5+}-Ionen im ATO-Kristall teilweise durch gleichwertige Nb^{5+}-Ionen ersetzt und somit Mischkristalle der Zusammensetzung

$Ag^{1+}Ta_x^{5+}Nb_{1-x}^{5+}O_3^{2-}$

mit $0 \leq x \leq 1$ hergestellt.

Das Phasendiagramm in Bild 2.8 weist zwei bei Raumtemperatur mögliche Phasenübergänge auf (M1-M2 und M2-M3). Da eine hohe Steuerbarkeit aufgrund der Instabillität im Kristallgitter meist in der Umgebung von Phasenübergängen aufzufinden ist, wird bei den ersten Untersuchungen zunächst ein besonderes Augenmerk auf sie gerichtet.

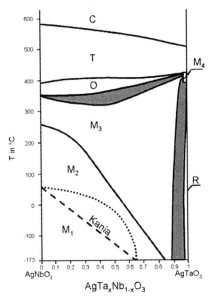

Bild 2.8: *Phasendiagramm von $AgTa_xNb_{1-x}O_3$-Keramiken [80]. Dabei bezeichnen O, T und C paraelektrische Phasen mit orthorhombischem, tetragonalem und kubischem Gitter, M2 und M3 bezeichnen antiferroelektrische Phasen, und M1 bezeichnet die ferroelektrische Phase. Die zusätzlich eingezeichnete gestrichelte Gerade (Kania) kennzeichnet den von [80] abweichenden in [53] gemessenen M1-M2 Phasenübergang.*

Wie in dem Phasendiagramm zu sehen, können die M1-M2 und M2-M3 Phasenübergänge durch Erhöhung des Niob-Verhältnisses in Richtung höherer Temperaturen verschoben werden. Dies ist eine notwendige Voraussetzung für den Einsatz als steuerbares Mikrowellendielektrikum bei Raumtemperatur. In Bild 2.9 ist das Mischungsverhältniss $AgTa_{0,4}Nb_{0,6}O_3$ hervorgehoben, und es sind die Phasenübergänge dieser Mischung angegeben. Wie bei den auf Barium-Titanat basierenden Materialsystemen äußert sich ein Phasenübergang bei elektrischen Messungen als lokales Maximum bzw. Sprung in der Permittivitätskurve.

Die in Bild 2.8 dargestellte Abweichung des in [53] gemessenen Phasenübergangs von dem in [80] gemessenen ist möglicherweise zum Teil durch die unterschiedlichen Messmethoden zustande kommen. In [80] werden zur Charakterisierung des Phasenübergangs Ergebnisse einer Differentiellen Thermoanalyse (DTA) verwendet, während in [53] das lokale Permittivitätsmaximum direkt dem Phasenübergang zugeordnet wird. Wie in [55] jedoch gezeigt, weist der M1-M2 Phasenübergang ein Relaxorverhalten auf. Dadurch wird das lokale Maximum der Permittivitätskurve mit zunehmender Messfrequenz zu höheren Temperaturen hin verschoben und ist somit von der Messfrequenz abhängig.

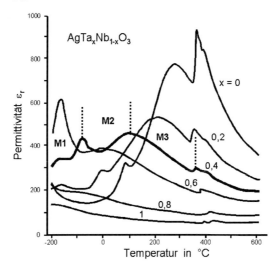

Bild 2.9: *Temperaturabhängigkeit der Permittivität ϵ von $AgTa_xNb_{1-x}O_3$-Keramiken in Abhängigkeit des Parameters x mit $0 \leq x \leq 1$ ($f = 1$ MHz) [53]. Im Diagramm sind für $AgTa_{0,4}Nb_{0,6}O_3$ die M1-M2 und M2-M3 Phasenübergänge eingezeichnet.*

Beim M1-M2 Phasenübergang ist im Gegensatz zu allen anderen Phasenübergängen mit dem Röntgendiffraktometer keine Veränderungen in der Kristallstruktur zu erkennen [80].

2.2 Anwendung der Feldtheorie auf Messstrukturen

In diesem Abschnitt sollen die zur Bestimmung der Materialparameter notwendigen grundlegenden Begriffe und Berechnungen eingeführt werden. Zunächst werden die aufgrund der einfachen Berechenbarkeit zur Charakterisierung dielektrischer Materialien häufig verwendeten Plattenkondensatoren beschrieben. Da zur elektrischen Charakterisierung der Dickschichten auch Interdigitalkapazitäten und Koplanarleitungen eingesetzt werden, die eine inhomogene elektrische Feldverteilung bewirken, wird anschließend die Methode der Teilkapazitäten in Verbindung mit der konformen Abbildung beschrieben, mit der aus den Messergebnissen Permittivität und Verluste erhalten werden können. Es werden die benötigten Grundlagen der Hochfrequenztechnik beschrieben und schließlich die numerische Berechnung elektrischer Felder behandelt.

2.2.1 Plattenkondensatoren

Bild 2.10 zeigt die elektrische Feldverteilung zwischen zwei Elektroden eines Plattenkondensators.

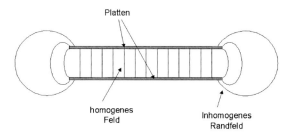

Bild 2.10: *Verteilung des elektrischen Feldes bei einem Plattenkondensator*

Der qualitative Verlauf des Feldes kann durch konforme Abbildungsmethoden dargestellt werden. In [81] wird eine vollständige zweidimensionale Lösung für die Kapazität eines Plattenkondensators mit Hilfe der konformen Abbildung vorgestellt. Eine geschlossene analytische Formel zur quantitativen Behandlung des dreidimensionalen Problems stößt jedoch selbst für den einfachsten kreissymmetrischen Fall in der Literatur [28, 97] auf große Schwierigkeiten. Es findet sich der Hinweis, dass unter der Annahme eines geringen Platten- bzw. Elektrodenabstands d im Vergleich zur Quadratwurzel der Elektrodenfläche A, also

$$\sqrt{A} >> d, bzw.\ \sqrt{A} > 10 \cdot d, \tag{2.21}$$

die inhomogenen Randfelder vernachlässigt werden können. Aus den so vereinfachten Feldverläufen kann mit Hilfe der Formel

$$\underline{C} = \epsilon_0 \underline{\epsilon}_r \frac{A}{d} \tag{2.22}$$

und des Zusammenhangs zwischen der komplexen Kapazität $\underline{C}$ und der komplexen Impedanz $\underline{Z}$

$$\underline{Z} = \frac{1}{\omega \underline{C}} \tag{2.23}$$

die komplexe Permittivität $\underline{\epsilon}_r$

$$\underline{\epsilon}_r = \frac{d}{\epsilon_0 \omega A \underline{Z}} \tag{2.24}$$

berechnet werden. Somit können die Permittivität ϵ'_r mit Gl. 2.5 aus dem Realteil von $\underline{\epsilon}_r$ und die Verluste $\tan\delta$ aus Gl. 2.6 erhalten werden.

2.2.2 Interdigitalkondensatoren

Zur messtechnischen Charakterisierung der Dickschichten bei Frequenzen ≤ 1 MHz werden neben Plattenkondensatorstrukturen auch Interdigitalkondensatoren (IDC) (Bild 2.11) verwendet. Die Anschlüsse zur Messung der Kapazität sind die auf der Draufsicht oben und unten befindlichen größeren Flächenabschnitte. Das elektrische Feld verteilt sich inhomogen zwischen den Fingern. Dadurch gestaltet sich die Extrahierung der dielektrischen Eigenschaften der Dickschicht aus den Messwerten wesentlich komplexer als bei Plattenkondensatoren, die zwischen den Platten eine homogene Feldverteilung aufweisen.

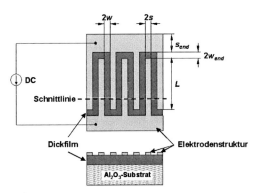

Bild 2.11: Draufsicht und Querschnitt einer IDC-Struktur zur elektrischen Charakterisierung von Dickschichten bei Niederfrequenz ($\leq 1MHz$)

Der Vorteil dieser Messmethode ist, dass auch hochporöse, noch nicht optimierte und somit leicht rissbehaftete Schichten vermessen werden können, die bei Plattenkondensatoren zu Kurzschlüssen führen würden. Ein weiterer Vorteil ist, dass die Dickschicht ohne leitende Zwischenschicht direkt auf das Substrat gedruckt werden kann. Somit wird der Einfluss der Grenzfläche Dickschicht-Substrat, der beim späteren Einsatz der Dickschicht in planaren Wellenleitern vorliegt, mit berücksichtigt. Zusätzlich ähnelt die Feldverteilung im IDC derjenigen der im folgenden Abschnitt behandelten koplanaren Wellenleiter (CPW).

Die Methode zur Ableitung der Formeln wird in Anhang A.1.1 am Beispiel des CPW durchgeführt, die Ergebnisse sind im folgenden Abschn. 2.2.2 beschrieben.

Ergebnisse für Interdigitalkondensator auf zweischichtigem Substrat

In diesem Abschnitt sollen die Formeln zur Berechnung der Materialparameter aus IDC Messungen nachvollzogen werden, da einige der folgenden in der Literatur beschriebenen Formeln fehlerbehaftet sind.

Aufgrund der unterschiedlichen elektrischen Feldverteilung werden die zwei äußeren Sektionen des IDC in Bild 2.12 und die sich periodisch wiederholenden (n-3)-Sektionen dazwischen getrennt

2.2. ANWENDUNG DER FELDTHEORIE AUF MESSSTRUKTUREN

analysiert. Die einzelnen Sektionen werden durch magnetische Wände begrenzt. Dadurch können die äußeren Sektionen als eine Dreifingerkapazität C_3 und die inneren als Kapazität C_n zusammengefasst werden.

Berechnung der Permittivität

Bei der Berechnung der Permittivität werden die Verluste vernachlässigt und somit nur reelle Größen verwendet. Die Gesamtkapazität C_{IDC} setzt sich dann aus C_3, C_n und der Kapazität C_{end} an den Fingerenden zusammen [34]:

$$C_{IDC} = C_3 + C_n + C_{end} \tag{2.25}$$

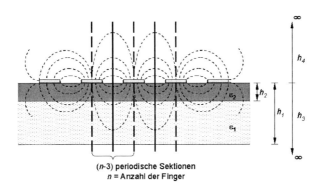

Bild 2.12: Querschnitt durch eine IDC und Verlauf der elektrischen Felder

Durch zweimalige konforme Abbildung erhält man für die Dreifingerkapazität C_3

$$\begin{aligned} C_3 &= 4 \cdot \epsilon_0 \frac{K(k_{3,0})}{K(k'_{3,0})} \left(1 + \frac{(\epsilon_1 - 1)}{2} \frac{K(k_{3,1})}{K(k'_{3,1})} \frac{K(k'_{3,0})}{K(k_{3,0})} + \frac{(\epsilon_2 - \epsilon_1)}{2} \frac{K(k_{3,2})}{K(k'_{3,2})} \frac{K(k'_{3,0})}{K(k_{3,0})}\right) \cdot L \\ &= 4 \cdot \epsilon_0 \frac{K(k_{3,0})}{K(k'_{3,0})} \left(1 + (\epsilon_1 - 1) \cdot q_{3,1} + (\epsilon_2 - \epsilon_1) \cdot q_{3,2}\right) \cdot L \\ &= 4 \cdot \epsilon_0 \frac{K(k_{3,0})}{K(k'_{3,0})} \cdot \epsilon_{r,eff} \cdot L \end{aligned} \tag{2.26}$$

Die Faktoren

$$q_{3,1} = \frac{1}{2} \frac{K(k_{3,1})}{K(k'_{3,1})} \frac{K(k'_{3,0})}{K(k_{3,0})} \tag{2.27}$$

und

$$q_{3,2} = \frac{1}{2} \frac{K(k_{3,2})}{K(k'_{3,2})} \frac{K(k'_{3,0})}{K(k_{3,0})} \tag{2.28}$$

sind dielektrische Füllfaktoren, die den Anteil des Teilkapazitätsbelags eines Teilbereichs mit Luft als Dielektrika ($\epsilon_1 = 1$ und $\epsilon_2 = 1$) zu dem Gesamtkapazitätsbelag der luftgefüllten Anordnung bilden. Sie werden bei der späteren Berechnung der Verluste benötigt.

Für die Kapazität C_n gilt

$$C_n = (n-3) \cdot \left(C'_{n,0} + \frac{C'_{n,1}}{2} + \frac{C'_{n,2}}{2} \right) \cdot L \qquad (2.29)$$

mit

$$C'_{n,0} = \epsilon_0 \frac{K(k_{n,0})}{K(k'_{n,0})} \qquad (2.30)$$

$$C'_{n,1} = \epsilon_0 (\epsilon_1 - 1) \frac{K(k_{n,1})}{K(k'_{n,1})} \qquad (2.31)$$

$$C'_{n,2} = \epsilon_0 (\epsilon_2 - \epsilon_1) \frac{K(k_{n,2})}{K(k'_{n,2})} \qquad (2.32)$$

und

$$q_{n,1} = \frac{1}{2} \frac{K(k_{n,1})}{K(k'_{n,1})} \frac{K(k'_{n,0})}{K(k_{n,0})} \qquad (2.33)$$

$$q_{n,2} = \frac{1}{2} \frac{K(k_{n,2})}{K(k'_{n,2})} \frac{K(k'_{n,0})}{K(k_{n,0})} \qquad (2.34)$$

Aufgrund von Streufeldern an den Fingerspitzen (Bild 2.13) liefert die Berechnung der Kapazität C_{end} nur einen angenäherten Wert. Im Bereich rechts vom Fingerende wird eine gleichmäßigen

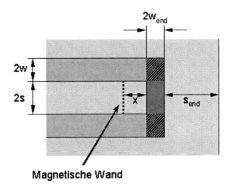

Bild 2.13: *Ende eines IDC - Fingers*

Feldverteilung angenommen, in den schraffierten Bereichen oberhalb und unterhalb davon eine ungleichmäßige. Eine magnetische Wand wird im Abstand $x = s$ links vom Fingerende eingeführt. Die schraffierten Bereiche werden als eine πs Erweiterung der Fingerbreite angenommen. Daraus folgt für C_{end}:

$$C_{end} = 2 \cdot n \cdot \left(C'_{end,0} + \frac{C'_{end,1}}{2} + \frac{C'_{end,2}}{2} \right) \cdot (2 + \pi) \cdot s \qquad (2.35)$$

mit

$$C'_{end,0} = \epsilon_0 \frac{K(k_{end,0})}{K(k'_{end,0})} \qquad (2.36)$$

$$C'_{end,1} = \epsilon_0 (\epsilon_1 - 1) \frac{K(k_{end,1})}{K(k'_{end,1})} \qquad (2.37)$$

2.2. ANWENDUNG DER FELDTHEORIE AUF MESSSTRUKTUREN

$$C'_{end,2} = \epsilon_0(\epsilon_2 - \epsilon_1)\frac{K(k_{end,2})}{K(k'_{end,2})} \tag{2.38}$$

und

$$q_{end,1} = \frac{1}{2}\frac{K(k_{end,1})}{K(k'_{end,1})}\frac{K(k'_{end,0})}{K(k_{end,0})} \tag{2.39}$$

$$q_{end,2} = \frac{1}{2}\frac{K(k_{end,2})}{K(k'_{end,2})}\frac{K(k'_{end,0})}{K(k_{end,0})} \tag{2.40}$$

Die für die in die elliptischen Integrale einzusetzenden Werte k sind im Anhang A.1.2 aufgeführt. Die hier gewonnenen Ergebnisse stimmen im wesentlichen mit den in [34] und [36] überein[1].

Aus der auf diesem Weg gewonnen Gleichung für C_{IDC} kann durch Umformen die Permittivität ϵ_2 der steuerbaren Schicht berechnet werden.

Berechnung der Verluste

Für die Berechnung der Verluste der IDC bei Frequenzen $f < 1\,\mathrm{MHz}$ werden die vergleichsweise geringen Leitungsverluste und die Abstrahlverluste vernachlässigt. Für die komplexe effektive Permittivität einer Teilkapazität auf zweischichtigem Substrat gilt [113]:

$$\underline{\epsilon}_{r,eff} = \epsilon'_{r,eff} - j\epsilon''_{r,eff} = \epsilon'_{r,eff} \cdot (1 - j \cdot tan\delta_{eff}) \tag{2.41}$$

Aus Gl. 2.26 folgt:

$$\underline{\epsilon}_{r,eff} = 1 + q_{i,1}(\underline{\epsilon}_1 - 1) + q_{i,2}(\underline{\epsilon}_2 - \underline{\epsilon}_1) \tag{2.42}$$

und damit ist

$$\epsilon'_{r,eff} \cdot (1 - j \cdot tan\delta_{eff}) = 1 + q_{i,1}(-\epsilon'_1 \cdot j \cdot tan\delta_1) + q_{i,2}(\epsilon'_2 \cdot (1 - j \cdot tan\delta_2) - \epsilon'_1 \cdot (1 - j \cdot tan\delta_1)) \tag{2.43}$$

Wird nur der Imaginärteil von Gl. 2.43 betrachtet und nach $tan\delta_{eff}$ aufgelöst, so folgt:

$$tan\delta_{eff} = \frac{q_{i,1}(\epsilon'_1 - 1) \cdot tan\delta_1 + q_{i,2}(\epsilon'_2 - \epsilon'_1) \cdot tan\delta_2}{\epsilon'_{r,eff}} \tag{2.44}$$

Bei der Berechnung der Verluste werden in Gl. 2.25 komplexe Werte zur Berechnung der Gesamtkapazität $\underline{C}_{IDC}$ aus den drei Teilkapazitäten $\underline{C}_3$, $\underline{C}_n$ und $\underline{C}_{end}$ verwendet. Jede dieser Teilkapazitäten hat unterschiedliche dielektrische Füllfaktoren, daher muss zunächst der effektive Verlust der einzelnen Teilkapazitäten mit Hilfe von Gl. 2.44 ermittelt werden. Der Gesamtverlust des IDC lautet dann:

$$tan\delta_{IDC,eff} = \frac{C_3 \cdot tan\delta_{eff,3} + C_n \cdot tan\delta_{eff,n} + C_{end} \cdot tan\delta_{eff,end}}{C_{IDC}} \tag{2.45}$$

Aus Gl. 2.45 können durch Umformen die Verluste $tan\delta_2$ der steuerbaren Schicht berechnet werden.

2.2.3 Streu- und Transfermatrizen

Der Frequenzbereich größer 0,5 GHz ist dadurch charakterisiert, daß die Abmessungen von Schaltungskomponenten in der Größenordnung der Wellenlänge liegen und daher die Schaltungsanalyse mit konzentrierten Elementen (R, L, C) nicht mehr zulässig ist. Zum Aufbau von Schaltungen

---

[1] bis auf Fehler in [34] in den Gleichungen (15), (20), (30), (32): Kehrwert der Quotienten der Elliptischen Integrale und (35): Multiplikation mit 2 anstatt mit 4

werden verschiedene Wellenleitertypen verwendet, wobei für viele von ihnen eine Definition von Strom und Spannung nicht mehr eindeutig möglich ist, da die Integrale

$$U = \int \vec{E}\,\mathrm{d}\vec{s} \qquad I = \oint \vec{H}\,\mathrm{d}\vec{s} \qquad (2.46)$$

nicht wie bei TEM-Leitungen wegunabhängig sind [118].

Die Leistungsübertragung zwischen Quelle und Verbraucher ist hingegen eindeutig bestimmbar. Somit kann die vom Verbraucher aufgenommene Leistung als Differenz zwischen der Teilleistung der hin- und derjenigen der rücklaufenden Welle definiert werden:

$$\underline{p}(z,t) = \underline{a}^2(z,t) - \underline{b}^2(z,t) \qquad (2.47)$$

$\underline{a}(z,t)$ bzw. $\underline{b}(z,t)$ sind die hin- und die rücklaufende Welle, auch Streuvariablen genannt, und $\underline{p}(z,t)$ ist die zeit- und ortsabhängige Leistung auf der Leitung. Für einen TEM-Leiter gilt für die komplexen Amplituden $\underline{a}(z)$, $\underline{b}(z)$, $\underline{U}(z)$, $\underline{I}(z)$ der Zusammenhang

$$\underline{U}(z) = \sqrt{Z_L} \cdot (\underline{a}(z) + \underline{b}(z))$$
$$\underline{I}(z) = \frac{1}{\sqrt{Z_L}} \cdot (\underline{a}(z) - \underline{b}(z)) \qquad (2.48)$$

Verknüpft man die Streuvariable $\underline{a}_k$ und $\underline{b}_k$ (1..k..N) eines N-Tors über die Streumatrix [S] miteinander,

$$[\underline{b}] = [\underline{S}] \cdot [\underline{a}] \qquad (2.49)$$

so ist eine gleichartige Beschreibung von Mehrtoren wie bei der Rechnung mit Impedanzmatrizen [Z] möglich. Für die Matrizenelemente gilt

$$\underline{S}_{ij} = \left. \frac{\underline{b}_i}{\underline{a}_j} \right|_{\substack{a_n = 0, n = 1..N \\ n \neq j}} \qquad (2.50)$$

Für jedes Tor wird ein Bezugswiderstand Z_0 angegeben, wobei in der Regel $50\,\Omega$ gewählt wird. Die Bedingung $\underline{a}_n = 0$ für $n \neq j$ bedeutet, dass alle Tore bis auf das einspeisende Tor j mit dem Bezugswiderstand Z_0 reflektionsfrei abgeschlossen sind. Für $i = j$ ergibt sich der komplexe Reflexionsfaktor

$$\underline{r}_i(z) = \underline{S}_{ii}(z) = \frac{Z_i - Z_L}{Z_i + Z_L} \qquad (2.51)$$

wobei Z_i der Eingangswiderstand der Schaltung an Tor i ist. Für $i \neq j$ ergibt sich der Transmissionskoeffizient, dessen Betragsquadrat

$$|\underline{S}_{ij}|^2 = \frac{|\underline{b}_i|^2}{|\underline{a}_j|^2} = \frac{P_i}{P_{j\,\max}} \qquad (2.52)$$

das Verhältnis von Ausgangswirkleistung an Tor i zur maximal von der Quelle am Tor j abgegebenen Wirkleistung angibt.

Zur späteren Entwicklung und Analyse der in dieser Arbeit vorgestellten Phasenschieber (Abschn. 8.1) ist eine mathematische Beschreibung der Kaskadierung von 2-Toren notwendig. Dazu wird die Streumatrixform

$$\begin{bmatrix} \underline{b}_1 \\ \underline{b}_2 \end{bmatrix} = \begin{bmatrix} \underline{S}_{11} & \underline{S}_{12} \\ \underline{S}_{21} & \underline{S}_{22} \end{bmatrix} \cdot \begin{bmatrix} \underline{a}_1 \\ \underline{a}_2 \end{bmatrix} \qquad (2.53)$$

2.2. ANWENDUNG DER FELDTHEORIE AUF MESSSTRUKTUREN

in die nach Variablen umsortierte Transfermatrixform

$$\begin{bmatrix} \underline{b}_1 \\ \underline{a}_1 \end{bmatrix} = \begin{bmatrix} \underline{T}_{11} & \underline{T}_{12} \\ \underline{T}_{21} & \underline{T}_{22} \end{bmatrix} \cdot \begin{bmatrix} \underline{b}_2 \\ \underline{a}_2 \end{bmatrix} \quad (2.54)$$

$$\underline{T}_{11} = \underline{S}_{12} - \frac{\underline{S}_{11}\underline{S}_{22}}{\underline{S}_{21}} \qquad \underline{T}_{12} = \frac{\underline{S}_{11}}{\underline{S}_{21}}$$

$$\underline{T}_{21} = -\frac{\underline{S}_{22}}{\underline{S}_{21}} \qquad \underline{T}_{22} = \frac{1}{\underline{S}_{21}}$$

überführt [45]. Durch einfache Matrizenmultiplikation der Transfermatrizen [T] ist dann die Kaskadierung verschiedener 2-Tore möglich.

2.2.4 Koplanare Wellenleiter

Wellenleiter mit planaren Elektroden werden unter dem Oberbegriff der Streifenleitungen zusammengefaßt. Die Mikrostreifenleitung, (Microstrip), ist die gängigste Streifenleitungsbauform für integrierte Mikrowellenschaltungen. Weitere Bauformen sind nach [49] die Triplate-Leitung, die Suspended-Substrate-Leitung, die Schlitzleitung oder auch die hier eingesetzte Koplanarleitung. Als Substratmaterial können Al_2O_3-Keramiken (ϵ_r=9,8), aber auch Kunststoffe, wie glasfaserverstärktes Teflon (ϵ_r =2,5) oder Halbleiter, wie Si oder GaAs (ϵ_r =11,9/12,9) verwendet werden. Komponenten werden in integrierter Form, z.B. als Streifenleitungsstrukturen, Widerstandsschichten usw. oder hybrider Form realisiert. Hybride Elemente wie Kondensatoren, Halbleiter und Resonatoren werden in einer anderen Technologie produziert und als Bauteil fest in die Schaltung eingebracht. Einen enormen Aufschwung haben monolithisch integrierte Mikrowellenschaltungen (MMIC) erfahren, deren Leiterstrukturen und Halbleiterkomponenten in derselben Technologie hergestellt werden.

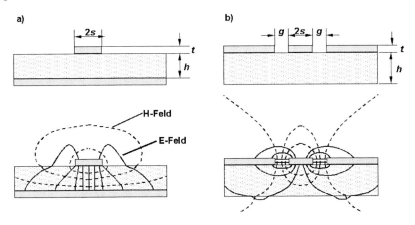

Bild 2.14: Querschnitte durch Streifenleitungen und Feldbilder der geführten Wellen, a) Microstrip, b) Koplanarleitung (CPW)

Der Streifenleitungsbauform des koplanaren Wellenleiters, abgekürzt CPW (Coplanar Waveguide) kommen speziell beim Einsatz mit steuerbaren dielektrischen Schichten Vorteile gegenüber der Mikrostreifenleitung zugute. In Bild 2.14 sind die Dimensionen und die Feldbilder von Microstrip und CPW einander gegenübergestellt und in Tabelle 2.1 deren Vor- und Nachteile. Beide Bauformen unterstützen die Ausbreitung einer quasi-transversal-elektro-magnetischen Welle (Quasi-TEM-Welle, Abschn. 2.2.4.1). Entscheidender Vorteil des CPW ist das einfache Anbringen einer Steuerspannung zwischen Innenleiter und Masseelektroden bei gleichzeitiger Erzeugung hoher elektrischer Feldstärken, die zur Realisierung von Komponenten mit steuerbaren Dielektrika notwendig sind. Daher wird diese Technik für den Aufbau aller Hochfrequenzschaltungen eingesetzt, die im Rahmen dieser Arbeit entworfen wurden.

Tabelle 2.1: Vorteile und Nachteile der Koplanarleitungs- gegenüber der Microstrip-Technik

Vorteile	Nachteile
- Leiterelektroden auf einer Seite	- Auftreten eines unerwünschten Modes
- 2 Parameter zur Impedanzvariation	(Slotmode) dadurch eventuell Einsatz
- leichte Skalierbarkeit	von Bonddrähten notwendig
- Erzeugung hoher elektrischer Steuerfelder	
- Statisches Steuerfeld und Quasi-TEM-Welle haben gleiche Orientierung	

2.2.4.1 Beschreibung mit Leitungsparametern

Zur Analyse und Synthese von Schaltungen mit Wellenleitern ist es notwendig, Beziehungen zwischen den elektrischen Eigenschaften des verwendeten Materials, wie dem spezifischen Widerstand ρ der Elektroden, der relativen Permittivität ϵ_r, dem Verlustfaktor $\tan\delta$ der verwendeten Dielektrika, und den daraus resultierenden elektrischen Eigenschaften der Leitung abzuleiten. Die elektrischen Eigenschaften werden durch die Leitungsbeläge L', C', R', G', oder durch den komplexen Wellenwiderstand $\underline{Z}_L$ und die komplexe Ausbreitungskonstante γ beschrieben. In der Praxis wird für schwach verlustbehaftete Leitungen der reelle Wellenwiderstand Z_L, die Phasengeschwindigkeit v_{ph} (alternativ die effektive Permittivität $\epsilon_{r,eff}$) und der Dämpfungsbelag α verwendet. Um diese Größen berechnen zu können, ist die Kenntnis der Welleneigenschaften auf der Leitung erforderlich.

Reine TEM-Wellen breiten sich auf Leitungen mit zwei oder mehr voneinander isolierten Leiterelektroden und homogenem Dielektrikum im gesamten felderfüllten Raum aus. Sie sind über den gesamten Frequenzbereich $0 < f < \infty$ ausbreitungsfähig und weisen ein nicht-dispersives Verhalten auf, d.h. Wellenwiderstand Z_L und Phasengeschwindigkeit v_{ph} hängen im Idealfall nicht von der Frequenz ab.

Auf dem CPW wie auf der Microstripleitung sind aufgrund des dielektrisch inhomogen gefüllten Raumes (mindestens 2 Dielektrika - Luft und Substrat - sind vorhanden) nur die Ausbreitung einer Quasi-TEM-Welle möglich. Die Quasi-TEM-Welle ist eine hybride Welle, die Feldkomponenten längs und quer zur Ausbreitungsrichtung besitzt. Es treten Längs- und Querströme auf den Leitern auf, und eine eindeutige Definition des Leitergesamtstroms bzw. der Leitergesamtspannung ist nicht mehr möglich. Somit ist auch der Wellenwiderstand Z_L nicht mehr eindeutig definierbar. Wellenwiderstand und Ausbreitungsgeschwindigkeit sind frequenzabhängig ($Z_L(f)$, $v_{ph}(f)$). Die Berücksichtigung des dispersiven Charakters erfolgt in der dynamischen Analyse, bei der al-

2.2. ANWENDUNG DER FELDTHEORIE AUF MESSTRUKTUREN

le Feldkomponenten der Grundwelle und eventuell auch der Oberwelle rechnerisch berücksichtigt werden.

Die Bezeichnung als Quasi-TEM-Welle soll allerdings verdeutlichen, dass die TEM-Eigenschaft der Welle dominiert, d.h. die Längskomponenten der Felder sind klein gegenüber den transversalen Komponenten. Für $f \to 0$ handelt es sich um eine reine TEM-Welle, die mit statischen Analysemethoden beschrieben werden kann. Bei der statischen Analyse wird der Kapazitätsbelag der realen Leitung C' und der Kapazitätsbelag der luftgefüllten Anordnung C'_0 berechnet. Hieraus berechnet man die Leitungsgrößen Z_L und v_{ph} ([49], S. 109f):

$$Z_L = \sqrt{\frac{L'}{C'}} = \left(\frac{C'}{\epsilon_0} \cdot \frac{C'_0}{\epsilon_0}\right)^{-\frac{1}{2}} Z_{F0} \qquad (2.56)$$

$$v_{ph} = \frac{1}{\sqrt{L'C'}} = c_0 \sqrt{\frac{C'_0}{C'}} \qquad (2.57)$$

$Z_{F0} = 120\pi\Omega$ ist der Feldwellenwiderstand des freien Raumes und c_0 die Lichtgeschwindigkeit im Vakuum.

Meist möchte man Quasi-TEM-Leitungen mit der Leitungstheorie für TEM-Leiter beschreiben. Dazu denkt man sich den gesamten Leiterquerschnitt ausgefüllt mit einem Material mit einer effektiven Dielektrizitätskonstante $\epsilon_{r,eff}$, die dieselbe Phasengeschwindigkeit v_{ph} wie die der Originalleitung erzeugt.

$$\epsilon_{r,eff} = \left(\frac{c_0}{v_{ph}}\right)^2 = \left(\frac{\lambda_0}{\lambda}\right)^2 \qquad (2.58)$$

Wellenwiderstand, Phasengeschwindigkeit und Kapazitätsbelag der Leitung lassen sich dann wie im homogenen Fall ($\epsilon_r = \epsilon_{r,eff}$) durch

$$Z_L = \frac{Z_{L0}}{\sqrt{\epsilon_{r,eff}}} \qquad v_{ph} = \frac{c_0}{\sqrt{\epsilon_{r,eff}}} \qquad C' = \epsilon_{r,eff} C'_0 \qquad (2.59)$$

beschreiben.

Allgemein nimmt der Fehler der statischen Analyseverfahren mit steigender Frequenz zu. Der Gültigkeitsbereich muß durch eine Grenzfrequenz f_g festgelegt werden. Für $f < f_g$ sollte dabei für die größte Querschnittsabmessung x_i der Leitung mindestens

$$x_i \leq \frac{\lambda_0}{8} = \frac{c_0}{8f} \qquad (2.60)$$

gelten.

Für den Entwurf der Schaltungen in dieser Arbeit ist es erforderlich, den CPW auf zweischichtigem Substrat zu analysieren. Die hierfür benötigten Formeln wurden nach dem Verfahren der Überlagerung von Teilkapazitäten und der konformen Abbildungen abgeleitet. Diese quasi-statische Analyse hat den wesentlichen Vorteil, auf eine geschlossen-analytische Formulierung zu führen. Die Methode zur Ableitung der Formeln wird in Abschn. A.1.1 gezeigt, die Ergebnisse sind in Abschn. 2.2.4.2 beschrieben.

2.2.4.2 Ergebnisse für Koplanarwellenleiter auf zweischichtigem Substrat

Berechnung der Permittivität

Nachfolgend sind die Ergebnisse für die Berechnung der Permittivität CPW mit zweischichtigem Substrat aus [33, 43] angegeben:

$$C'_{CPW} = 2\epsilon_0 \epsilon_{r,eff} \left[\frac{K(k_{l1})}{K(k'_{l1})} + \frac{K(k_{l2})}{K(k'_{l2})} \right] \quad (2.61)$$

$$\epsilon_{r,eff} = 1 + q_1(\epsilon_1 - 1) + q_2(\epsilon_2 - \epsilon_1) \quad (2.62)$$

Dabei gilt für die Füllfaktoren q_i mit $i = \{1,2\}$, die wie schon beim IDC der Quotient von Teilkapazitätsbelag C'^{air}_i der i-ten Schicht (Bereichs) mit Luft als Dielektrika und Gesamtkapazitätsbelag C'^{air} der luftgefüllten Anordnung [42]:

$$q_i = \frac{C'^{air}_i}{C'^{air}} \frac{K(k_i)}{K(k'_i)} \left[\frac{K(k_{l1})}{K(k'_{l1})} + \frac{K(k_{l2})}{K(k'_{l2})} \right]^{-1} \quad (2.63)$$

Für die Moduli der elliptischen Integrale gilt:

$$k_{1,2} = \frac{sinh\left(\frac{\pi s}{2h_{1,2}}\right)}{sinh\left(\frac{\pi(s+g)}{2h_{1,2}}\right)} \qquad k_{l1,l2} = \frac{tanh\left(\frac{\pi s}{2h_{l1,l2}}\right)}{tanh\left(\frac{\pi(s+g)}{2h_{l1,l2}}\right)} \quad (2.64)$$

Da die numerische Berechnung der elliptischen Integrale für sehr dünne Schichten ($h_2 \ll s, g$) problematisch wird ($k_i \to 0 \vee 1$), mussten geeignete Näherungen eingeführt werden, die in Anhang A.1.3 aufgeführt sind.

Berechnung der Verluste

Im Gegensatz zu den in dieser Arbeit bei niedrigen Frequenzen verwendeten IDCs können bei der CPW aufgrund der hohen Frequenzen $f > 1\,\text{GHz}$ die Leitungsverluste und Abstrahlungsverluste nicht mehr vernachlässigt werden [49]. Damit treten folgende Verlustmechanismen auf:

- Dielektrische Verluste
- Leitungsverluste
- Abstrahlungsverluste / Modenkonversion

Dielektrische Verluste der eingesetzten Dielektrika wirken sich in einem Querleitbelag G' der Leitung aus und resultieren in einer Querdämpfung $\alpha_\perp$, die proportional zu ω ist. Leitungsverluste folgen aus der endlichen spezifischen Leitfähigkeit σ des Elektrodenmaterials und werden im Ersatzschaltbild der Leitung als Längswiderstandsbelag R' berücksichtigt. Bei voll ausgebildetem Skineffekt (siehe Gl. 2.70) steigt der Anteil der Längsdämpfung $\alpha_\parallel$ proportional zu $\sqrt{\omega}$. Für nicht zu hohe Frequenzen bzw. Verluste in den Dielektrika dominieren daher meist die Längsverluste in der Gesamtdämpfung, ab einer sogenannten Übernahmefrequenz ($\alpha_\parallel = \alpha_\perp$) dann die Querverluste. Für die Gesamtdämpfung ergibt sich mit dem Umrechnungsfaktor von $20 \cdot \log(e) \approx 8{,}686$ von Neper in Dezibel nach [49]:

$$\alpha = \alpha_\parallel + \alpha_\perp = 8{,}686 \cdot \frac{\pi}{\lambda} tan\delta_{eff} \quad \text{in dB}$$

$$\alpha_\parallel = 8{,}686 \cdot \frac{R'}{2Z_L} = 8{,}686 \cdot \frac{\pi}{\lambda} tan\delta_\parallel \quad \text{in dB}$$

$$\alpha_\perp = 8{,}686 \cdot \frac{G'}{2} Z_L = 8{,}686 \cdot \frac{\pi}{\lambda} tan\delta_\perp \quad \text{in dB} \quad (2.65)$$

2.2. ANWENDUNG DER FELDTHEORIE AUF MESSSTRUKTUREN

Für die Verlustfaktoren gilt:

$$tan\delta_\| = \frac{R'}{\omega L'} \qquad tan\delta_\perp = \frac{G'}{\omega C'} \qquad (2.66)$$

In den folgenden Abschnitten werden quasi-statische Modelle zur Berechnung der dielektrischen Verluste und der Leiterverluste angesprochen.

Dielektrische Verluste

Für die Dämpfungskonstante $\alpha_\perp$ der dielektrischen Verluste gilt (siehe Gl.2.65)

$$\alpha_\perp = \frac{\omega}{2}\sqrt{\mu_0\epsilon_0\epsilon_{r,eff}} \cdot tan\delta_\perp \qquad (2.67)$$

wobei der Verlustfaktor durch

$$tan\delta_\perp = \sum_i p_i \cdot tan\delta_i \qquad (2.68)$$

gegeben ist [42]. Die Verlustfaktoren der verwendeten Dielektrika $tan\delta_i$ tragen abhängig von der Wellenleitergeometrie zu den Gesamtverlusten bei, was durch die Energie-Füllfaktoren p_i ausgedrückt wird. Sie werden definiert als das Verhältnis der Feldenergie des homogen mit $\epsilon_{r,i}$ gefüllten i-ten Teilraumes zur Gesamtfeldenergie der CPW-Struktur. Da die Kapazitätsbeläge der Teilräume bekannt sind, leitet man unter Verwendung ihrer Definitionen in Gl. 2.63 her:

$$\begin{aligned} p_1 &= \frac{W_1}{W_{ges}} = \frac{\epsilon_1}{\epsilon_{r,eff}}\frac{C_1'^{air}}{C'^{air}} = \frac{\epsilon_1}{\epsilon_{r,eff}}q_1 \\ p_2 &= \frac{W_2}{W_{ges}} = \frac{(\epsilon_2-\epsilon_1)}{\epsilon_{r,eff}}\frac{C_2'^{air}}{C'^{air}} = \frac{(\epsilon_2-\epsilon_1)}{\epsilon_{r,eff}}q_2 \end{aligned} \qquad (2.69)$$

Ableitungsverluste aufgrund endlicher Leitfähigkeit der Dielektrika können fast immer vernachlässigt werden.

Leiterverluste

Die induktive Stromverdrängung in Leitern nennt man den Skineffekt. Dieser wird durch die Skintiefe

$$\delta_s = \sqrt{\frac{2}{\mu\sigma\omega}} = \frac{1}{\sqrt{\mu\sigma\pi f}} \qquad (2.70)$$

beschrieben, bei der die Stromdichte J im Leiter, von der Oberfläche aus gemessen, auf $1/e$ abgefallen ist. Für Leiterdicken $t \gg 3\delta_s$ kann der Skineffekt durch den komplexen Oberflächenwiderstand

$$\underline{Z}_S = R_S + j\omega L_{S,i} = \frac{(1+j)}{\sigma\delta_s} \qquad R_S = \omega L_{S,i} = \frac{1}{\sigma\delta_s} \qquad (2.71)$$

angenähert werden. Mit dem Wirkwiderstand R_S ist man in der Lage, die inhomogene Stromdichteverteilung des Leiters durch eine Leiterschicht der Dicke δ_s mit homogener Stromdichte zu charakterisieren (wirksamer Querschnitt). $L_{S,i}$ nennt man die innere Induktivität. Der Dämpfungsbelag $\alpha_\|$ lässt sich unter der Annahme geringer Verluste aus der auf einem Leiterstück der Länge dz dissipierten Leistung und der übertragenen Leistung berechnen [49], [37]

$$\alpha_\| = 8{,}686 \cdot \frac{dP(z)/dz}{2P(z)} = \frac{R_S}{2Z_L I^2}\oint_\gamma |J_z|^2 dl. \qquad (2.72)$$

Dabei steht I für den Gesamtstrom, J_z für die Oberflächenstromdichte in z-Richtung und γ für die Leiterberandung. Diese „Power-Loss"-Methode wird in Verbindung mit der konformen Abbildung in [37] zur Berechnung der Leiterverluste der allgemeinen, asymmetrischen Koplanarleitung

(ACPW) benutzt. Sowohl endliche Leiterdicke $t \gg 3\delta$ als auch mehrlagige Substrate (durch Rechnung mit effektiver Permittivität $\epsilon_{r,eff}$) werden in der Ableitung der Formeln berücksichtigt. Die Leiterdicke t sollte dabei deutlich kleiner als die Schlitzbreite g oder die Leiterbreite $2s$ sein. In [37] wird folgendermaßen vorgegangen: Die ACPW - Struktur mit endlicher Leiterdicke wird auf eine Parallelplattenstruktur in der w-Ebene transformiert (2-fache Schwarz-Christoffel-Abbildung). Die Stromdichteverteilung in der Bildebene (w-Ebene) wird als konstant angenommen, was einem konstantem H-Feld zwischen den Platten entspricht, und in die Ursprungsebene (z-Ebene) zurücktransformiert. Damit sind der Strom I und das Randintegral in Gl. 2.72 berechenbar. R_S wird mit Gl. 2.71, Z_L der in Abschn. A.1.1 erläuterten Methode bestimmt. Nachfolgend ist das Ergebnis in [dB/m] für die symmetrische CPW angegeben:

$$\alpha_\parallel = \frac{8{,}686 \cdot R_S \sqrt{\epsilon_{r,eff}}}{480\pi K(k_0) K(k_0')(1-k_0^2)} \cdot$$
$$\left\{ \frac{1}{s} \left[\pi + ln\left(\frac{8\pi(1-k_0)}{t(1+k_0)}\right) \right] + \frac{1}{s+g}\left[\pi + ln\left(\frac{8\pi(s+g)(1-k_0)}{t(1+k_0)}\right) \right] \right\} \quad (2.73)$$

mit

$$k_0 = \sqrt{s \cdot \frac{2 \cdot (s+g)}{2s+g}} \qquad k_0' = \sqrt{1-k_0^2} \quad (2.74)$$

Ein allgemeines und exaktes Verfahren zur Berechnung der Leiterverluste von Wellenleitern mittels analytischer Formeln ist für den quasistatischen Bereich in [103] aufgeführt. Sowohl der Skineffekt als auch die Stromüberhöhung an Leiterkanten können korrekt erfasst werden. Die Anwendung auf den Fall der CPW ist allerdings recht aufwendig und wurde hier nicht durchgeführt. Der Einfluss der endlichen Leitfähigkeit des Schaltungsgehäuses, die Dämpfung durch eine Haftschicht (siehe Abschn. 3.5.2) und der schwer zu erfassende Einfluss der Rauhigkeit des Substratmaterials bleiben hier ebenfalls unberücksichtigt.

Abstrahlungsverluste / Modenkonversion

An Diskontinuitäten einer Leitung, d.h. an Veränderungen der Leitergeometrie, kommt es grundsätzlich zu Verlusten durch elektromagnetische Abstrahlung in den freien Raum und durch Umwandlung in unerwünschte, auch „parasitäre" Moden. Dies führt zum einen zu einer Dämpfung des CPW-Modes, zum anderen zum Übersprechen im Bereich von Schaltungsdiskontinuitäten, was z.B. die Güte von Resonatoren stark herabsetzen kann. Die Abstrahlung von Energie tritt immer auf, wenn die Ausbreitungsgeschwindigkeit des CPW-Modes größer als die des parasitären Modes ist [42]. Für alle parasitären Wellen mit einer Grenzfrequenz (cut-off frequency) $f_g > 0$ gibt es demnach einen Arbeitsbereich der CPW, in dem keine Abstrahlung auftritt (für $f = f_g$ gilt immer $v_{ph} \to \infty$).

Der Grundmode der Schlitzleitung (slotline) ist auch auf CPW-Strukturen ausbreitungsfähig und besitzt wie der CPW-Mode einen Frequenzbereich von $0 < f < \infty$. Für eine große Schlitzbreite g im Verhältnis zur Substrathöhe h_2 nimmt die Anregung des Slotline-Modes durch den CPW-Mode zu. Damit nimmt die Dämpfung in der CPW-Mode zu. Durch Bonddrähte zwischen den Masseebenen der CPW kann der Slotline-Mode kurzgeschlossen werden.

In einem einseitig metallisierten Substrat können sich Oberflächenmoden ausbilden. Für die in dieser Arbeit betrachteten Anordnungen ist jedoch keine nennenswerte Abstrahlung aufgrund von Oberflächenmoden möglich. Dies kann mit der Bedingung $h_{1,2}\sqrt{\epsilon_{1,2}} < 0{,}12\lambda_0$ aus [42], S.426 oder auch mittels Bild 15.1 in [49] geprüft werden.

2.2. ANWENDUNG DER FELDTHEORIE AUF MESSSTRUKTUREN

Da die Schaltungen in ein Gehäuse eingebaut werden, muss die Modenkonversion in Hohlleiterwellen untersucht werden. Für die Grenzfrequenzen der transversal elektrischen Wellen (TE$_{mn}$-Wellen) im luftgefüllten Rechteckhohlleiter gilt

$$f_R^{TEmn} = \frac{c_0}{2}\sqrt{\left(\frac{m}{B}\right)^2 + \left(\frac{n}{H}\right)^2} \qquad m,n = 0,1,2..., \quad m = n \neq 0 \qquad (2.75)$$

mit der Breite B und der Höhe H des Hohlleiters [117]. In dem luftgefüllten Raum oberhalb der Schaltung (vgl. Bild A.1) besitzt für $H = h_4 < B$ die TE$_{10}$-Welle die niedrigste Grenzfrequenz. Betrachtet man den Gehäuseraum unter der Schaltung mit der Höhe $H = h_3$ und der Höhe h_1 des Dielektrikums, so ist für $h_3 \ll B$ die magnetische Längsschnittwelle LSM$_{11}$, für $h_3 \approx B$ die elektrische Längsschnittwelle LSE$_{01}$ die Welle mit der niedrigsten Grenzfrequenz [49]. Die LSM$_{11}$-Welle geht für $h_1 \to 0$ in eine TE$_{10}$-Hohlleiterwelle, die LSE$_{01}$-Welle für $h_1 \to 0$ in eine TE$_{01}$-Hohlleiterwelle über. Die Grenzfrequenzen der Längsschnittwellen f_g^{LSM11} und f_g^{LSE01} lassen sich auf f_g^{TE10} bzw. f_g^{TE01} bezogen aus [49], Bild 15.3 ablesen. Für Resonanzfrequenzen eines luftgefüllten Quaders gilt

$$f_R^{TEmnp} = \frac{c_0}{2}\sqrt{\left(\frac{m}{B}\right)^2 + \left(\frac{n}{H}\right)^2 + \left(\frac{p}{L}\right)^2} \qquad m,n = 0,1,2..., \quad p = 1,2..., \quad m = n \neq 0 \qquad (2.76)$$

mit der Länge L des Resonanzraumes [117]. Die niedrigste Gehäuseresonanz des Raumes oberhalb der Schaltung ist die TE$_{101}$-Resonanz. Die Gehäuseresonanzen für den Raum unterhalb der Schaltung lassen sich nach [49], Gl. (15.12) berechnen. In Tab. 2.2 sind die Grenzfrequenzen der parasitären Hohlleitermoden in Ausbreitungsrichtung der CPW-Welle und die niedrigsten Gehäuseresonanzen für das verwendete Gehäuse aufgeführt. Der Einfluss der Dickschicht sowie die Strukturierung der Elektroden ist dabei vernachlässigt worden.

Tabelle 2.2: Niedrigste Grenz- und Resonanzfrequenzen parasitärer Hohlleitermoden im verwendeten Schaltungsgehäuse: $L = 38$, $h_1 = 0{,}63$, $h_3 = 3$, $h_4 = 8$. Die Breite B des oberen Teils des Gehäuses ist vom unteren verschieden: $B_{oben} = 12$ und $B_{unten} = 10$ (alle Maße in [mm])

	Grenzfrequenzen in Ausbreitungsrichtung der CPW-Welle		Niedrigste Gehäuseresonanz
Gehäuse oben	$f_g^{TE10} = 12{,}5\,GHz$	$f_g^{TE10} = 18{,}8\,GHz$	$f_g^{TE101} = 13{,}1\,GHz$
Gehäuse unten	$f_g^{LSM11} = 13{,}5\,GHz$	$f_g^{LSE01} = 35{,}5\,GHz$	$f_g^{LSM111} = 14\,GHz$

Die in Tab. 2.2 dargestellten Ergebnisse zeigen, dass anhand der in Abschn. 2.2.4.2 dargestellten Formeln die Berechnung der Materialparameter aus CPW-Messungen bis zu Frequenzen von $12{,}5\,GHz$ zulässig ist. Bei Messungfrequenzen $f > 12{,}5\,GHz$ fließen Fehler durch parasitäre Wellen in die Berechnungen ein.

2.2.5 Phasenschieber

Ein mögliche Bauform von Phasenschiebern sind Verzögerungsleitungen. Eine solche Verzögerungsleitung kann in CPW Bauweise erstellt werden, indem zwischen dem Innenleiter der CPW und den Masseelektroden eine Steuerspannung angelegt wird, die im Spalt der CPW eine hohe Feldstärke E erzeugt. Diese elektrostatische Feldstärke ist in der dünnen Dickschicht unter dem

Spalt nach [113] nahezu konstant und bewirkt daher eine homogene Steuerung der Permittivität ϵ_2. Die Phasenverschiebung Φ auf einer Leitung pro Länge in °/m beträgt

$$\Phi = 360° \frac{f}{c_0} \sqrt{\epsilon_{r,eff}(E)} \qquad (2.77)$$

mit der effektiven Permittivität $\epsilon_{r,eff}$, die ebenfalls von der angelegten Feldstärke E abhängt. Für eine maximale Steuerfeldstärke E_{max} folgt somit für die maximale differentielle Phasenverschiebung Gl.(2.78)

$$\Delta\Phi_{max} = 360° \frac{f}{c_0} \sqrt{\epsilon_{r,eff}(0)} - \sqrt{\epsilon_{r,eff}(E_{max})} \qquad (2.78)$$

und aus Abschn. 2.2.4.2, Gl. 2.65 die maximale Dämpfungskonstante α.

Zur Charakterisierung des Potentials eines Phasenschiebers wird aus dem Quotienten aus maximaler differentieller Phasenverschiebung und intrinsischer Dämpfung der Schaltung die sogenannte Figure of Merit (FoM) definiert:

$$\text{FoM} = \frac{\Delta\Phi}{\alpha}. \qquad (2.79)$$

Sie hängt im wesentlichen von den Materialeigenschaften des verwendeten steuerbaren Dielektrikums ab.

2.2.6 Numerische Feldberechnung

Zum Kontrolle der analytischen Berechnungen wurde die numerische Feldberechnung verwendet. Weiterhin konnten mit ihr auch dreidimensionale Strukturen simuliert werden für die keine analytischen Modelle existieren. Zur Simulation wurde der High-Frequency-Structure-Simulator (HFSS, Version 5.6) der Firma Agilent verwendet [48]. Das Programm berechnet die vollständige, dreidimensionale Feldverteilung im Inneren einer Struktur basierend auf der Methode der Finiten Elemente. Hierbei wird der Simulationsraum in ein Gitter tausender kleiner Tetraeder unterteilt. An deren Kanten werden die Felder nach den Maxwell-Gleichungen unter der Voraussetzung bestimmter Feldverteilungen an den Toren der Schaltung, die den eingespeisten Moden entsprechen, berechnet. Die Felder im Inneren der Tetraeder werden interpoliert. Durch Verfeinerung des Gitters konvergiert die Lösung gegen die reale Feldverteilung. S-Parameter, Wellenwiderstände und Ausbreitungskonstanten der Moden an den einzelnen Toren können als integrale Parameter berechnet werden.

Die Simulation planarer Schaltungen ist aufgrund der auftretenden großen Unterschiede in den Abmessungen mit erheblichem Rechenaufwand und Arbeitsspeicherbedarf verbunden. Daher wurde ein PC mit zwei Prozessoren verwendet, dessen Arbeitsspeicher im Laufe dieser Arbeit auf 1 GByte aufgerüstet wurde. Somit konnten auch komplizierte Strukturen wie der in Abschn. 8.1 beschriebene simuliert werden.

Bei der Simulation muss beachtet werden, dass nur endliche Simulationsräume zugelassen sind. Daher muss ein entsprechender Raum mit ideal leitenden Grenzflächen um die planare Struktur (Luft, Vakuum) definiert werden. Bezüglich kurzer Rechenzeiten wird dieser möglichst klein gehalten. Allerdings sollte aber auch keine Beeinflussung des CPW-Modes durch die zusätzlich eingebrachten metallischen Grenzflächen entstehen. Nach [49] ist die Beeinflussung einer CPW-Schaltung durch

2.2. ANWENDUNG DER FELDTHEORIE AUF MESSSTRUKTUREN

das Gehäuse für $h_4 \geq 2{,}5h_1$ und $h_3 \geq 1{,}5h_1$ (siehe Bild A.1) und für eine Breite der Anordnung von $B \geq 3 \cdot (2c + 2g)$ zu vernachlässigen.

Auch ist für Quasi-TEM-Leitungen die Definition des Wellenwiderstands nicht eindeutig. Von den drei in HFSS zur Auswahl stehenden Definitionen ist Z_{PV} zu wählen. Dieser ist über die komplexe Spannung U zwischen dem Innenleiter und den Masseelektroden und der durch das betrachtete Tor fließenden Wirkleistung P definiert [48]

$$Z_{PV} = \frac{U \cdot U}{2P}. \tag{2.80}$$

Ein Aufschneiden der Struktur entlang der Symmetrieebene in Ausbreitungsrichtung und die Simulation der so halbierten Struktur ist zur Reduzierung der Rechenzeit vorteilhaft. Zu beachten ist jedoch, daß der Slotmode durch die angesetzte ideale magnetische Grenzfläche auf der Schnittebene kurzgeschlossen wird und damit unberücksichtigt bleibt.

Kapitel 3

Präparation

In diesem Abschnitt werden die im Rahmen dieser Arbeit eingesetzten Verfahren zur Präparation der Dielektrika und Elektrodenstrukturen vorgestellt. Dazu werden zunächst die Verfahren vorgestellt, die zur Charakterisierung ihrer strukturellen und morphologischen Eigenschaften eingesetzt werden. Die anschließende Beschreibung der Präparation kann in die Bereiche Herstellung und Charakterisierung von Bulkkeramiken und Dickschichten unterteilt werden:

Ausgehend von keramischen Ausgangspulvern wurden möglichst dichte Bulkkeramiken hergestellt. Die Herstellung und spätere Vermessung der dichten Keramiken war notwendig, um die Auswirkung der durch die Dickschichttechnologie veränderten Mikrostruktur auf die dielektrischen Eigenschaften zu bestimmen. Die Keramiken wurden mit Hilfe der Röntgendiffraktometrie und der Rasterelektronemikroskopie auf Phasenreinheit, Korngöße und Porosität untersucht.

Anschließend wird die Herstellung von Dickschichtproben mittels Siebdrucktechnik beschrieben. Zusätzlich zu den in der Analyse der Bulkkeramiken verwendeten Methoden wird hier ein besonderes Augenmerk auf eine eventuell stattfindende chemische Reaktion der Dickschichten mit den verwendeten keramischen Aluminiumoxid-Substraten (Al_2O_3) gelegt.

3.1 Analytik

In diesem Abschnitt wird ein kurzer Überblick über die in dieser Arbeit zur Materialcharakterisierung verwendeten Verfahren gegeben.

Röntgendiffraktometrie

Mit Hilfe eines Röntgendiffraktometers (X-Ray-Diffractometer: XRD) lassen sich Aussagen über die qualitative und quantitative Phasenzusammensetzung eines keramischen Feststoffes treffen. Dabei werden die charakteristischen Beugungslinien von Röntgenstrahlen, deren Wellenlänge in der Größenordnung der Gitterebene der Kristalle liegt, mit Referenz-Diffraktogrammen verglichen. Neue Zusammensetzungen können mit denen in der JCPDS- (Joint Commitee on Powder Diffraction Standards) Datenbank abgespeicherten ähnlichen Zusammensetzungen verglichen werden. Zweitphasen, die beispielsweise durch eine unvollständige Umsetzung bei der Kalzination oder durch Reaktionen mit dem Substrat entstanden sind, können somit bis zu einer Nachweisgrenze von 1 bis 2 % detektiert werden. Ein Siemens D 5000 Röntgendiffraktometer wurde im Rahmen dieser Arbeit für folgende Untersuchungen verwendet:

- Qualitätskontrolle bei der Pulverherstellung, Bestimmung des Phasenbestandes und etwaiger Fremdphasen

- Bestimmung der optimalen Kalzinationstemperatur und Dauer

- Untersuchung etwaiger Reaktionen der Dickschicht mit dem Substrat während des Sinterprozesses

Partikelgrößenmesstechnik

Eine Methode zur Messung der Partikelgrößenverteilung von Pulvern bietet der CILAS 1064 Partikelsizer, der nach dem Prinzip der Laser-Beugung arbeitet. Das Pulver wird in einer 40 %-igen Natrium-Polyphosfatlösung dispergiert und bildet somit eine Suspension. Die Suspension wird vor der Messung mit Ultraschall beaufschlagt um etwaige Agglomerate zu zerstören. Die Beaufschlagung mit Ultraschall und die anschließende Messung wird mehrmals hintereinander durchgeführt. Die Veränderung der Partikelgrößenverteilung mit der Zeit gibt Aufschluss über das Vorhandensein und die Stabilität der Agglomerate.

Der verwendete Partikelsizer ist in der Lage, Partikel zwischen 0,1 und 500 μm zu erfassen. Dabei hängt das Auflösungsvermögen des Gerätes von der angenommenen Pulvermorphologie des im Gerät implementierten Modells ab. Zur Kontrolle der vom Partikelsizer gewonnenen Ergebnisse ist es daher vorteilhaft, diese mit Rasterelektronenmikroskop-Aufnahmen zu vergleichen.

Rasterelektronenmikroskopie

Die Rasterelektronenmikroskopie ist ein Verfahren für morphologische und analytische Untersuchungen von Oberflächen. Ein über ein elektromagnetisches Linsensystem gesteuerter feiner Elektronenstrahl tastet die in das Rasterelektronenmikroskop (REM) eingeführte Probe ab. Wechselwirkungen der auftreffenden Elektronen mit der Probe lösen verschiedene Signale aus. Geeignete Detektoren können Informationen über Topologie und Zusammensetzung der Probe empfangen und mit einem geeigneten System visualisieren. In der Regel wird aus den durch den Primärstrahl aus der Probe herausgelösten Sekundärelektronen (SE) über den SE-Detektor die Topologie der Probenoberfläche ermittelt.

Nachdem aus den Atomen innere Elektronen von kernnahen Plätzen in der Elektronenhülle durch den Elektronenstrahl herausgeschossen werden, entsteht durch die Wiederbesetzung der frei gewordenen Plätze durch Elektronen der äußeren Schalen eine charakteristische Röntgenstrahlung, die auch als diskretes Röntgenspektrum bezeichnet wird. Die Energie und die Wellenlänge dieser Röntgenstrahlung ist abhängig von der Lage der elementspezifischen Elektronenschalen. Ihre Detektierung erfolgt über energiedispersive Röntgenanalyse (EDX). Die räumliche Auflösung der EDX ist auf ca. 1 μm begrenzt, da ein entsprechendes Volumen vom Primärstrahl angeregt wird.

Für REM Aufnahmen stand ein LEO 1530 mit Feldemissionskathode und In-Lense Detektor zur Verfügung, mit einer Auflösung von 2 nm bei 20 kV und variabler Beschleunigungsspannung von von 200 V bis 30 kV. Aufgrund des niedrigen Kathodenstroms bei geringer Spannung konnte auf eine die Submikrostruktur verfälschende leitfähige Sputterschicht zur Vermeidung der Auflading der Probe verzichtet werden.

Laue - Methode

Zur Ermittlung der kristallographischen Orientierung von Einkristallen wurde die Laue-Methode verwendet. Dabei wird ein feststehender Kristall mit weißem Röntgenlicht durchstrahlt. Wellen mit der zum Gitterabstand passenden Wellenlänge werden reflektiert und treffen auf eine fotolitografische Platte. Sie erzeugen dort ein für den Kristall charakteristisches Laue-Diagramm. Da die zur Reflexion kommende Wellenlänge unbekannt ist, können die Gitterabstände nicht unmittelbar aus dem Laue-Diagramm erhalten werden. Die zur Orientierung benötigten Winkelkoordinaten können jedoch identifiziert werden. Bei größeren bzw. stark absorbierenden Kristallproben wird die Rückstrahltechnik angewandt. In diesem Fall wird die Fotoplatte zwischen Röntgenlichtquelle und Kristall angeordnet. [61]

Für die vorliegende Arbeit wurde die Messung der Orientierung von Kristallen am Kristall- und Materiallabor, Universität Karlsruhe durchgeführt, wobei die Rückstrahltechnik angewandt wurde.

3.2 Pulverherstellung

Ein Standardverfahren zur Herstellung von Keramiken ist das Mixed-Oxide-Verfahren. Bei diesem Verfahren werden die als Oxide oder Karbonate vorliegenden Rohstoffe homogen gemischt und anschließend beim Kalzinationsvorgang im Ofen zur Reaktion gebracht. Eine Voraussetzung für eine gleichmäßige Reaktion ist die in etwa gleiche Korngröße des Ausgangsmaterials. Die Eigenschaften und Verunreinigungen der zur Präparation verwendeten Pulver sind im Anhang in Tabelle B.1 angegeben. Der d_{50}-Wert bezeichnet dabei die Größe, bei dem die Hälfte des Pulvervolumens einen Partikeldurchmesser kleiner oder gleich diesem Wert besitzt. Pulver, deren Korngröße gegenüber derjenigen der anderen stark abweicht, werden vor dem Mischen in Kugelmühlen auf der Rollenbank (RB) feiner gemahlen.

Nach dem Mischen in der Planetenkugelmühle (4h, Medium: Cyclohexan) folgt der Kalzinationsvorgang, bei dem die Edukte zur chemischen Reaktion gebracht werden. Dabei unterscheidet sich der Herstellungsvorgang der auf Barium basierenden Produkte von dem der auf Silber basierenden.

Barium-Strontium-Titanat Pulver

Eine Beschreibung der in dieser Arbeit verwendeten Methode für die Herstellung von BST60 ist in [90] dargestellt. Dabei wird in einem einzigen Kalzinationsschritt das gewünschte Produkt hergestellt, und es findet folgende Reaktion statt:

$$0{,}6 \cdot BaCO_3 + 0{,}4 \cdot SrCO_3 + TiO_2 \xrightarrow{T_{K,BST60}} Ba_{0,6}Sr_{0,4}TiO_3 + CO_2 \quad (3.1)$$

Die Kalzinationstemperatur T_K (siehe Tab. 3.1) ist im Vergleich zu der in [90] verwendeten höher, um sicher zu gehen, den im Edukt enthaltenen Kohlenstoff vollständig auszubrennen. Die Kalzination der auf Barium basierten Pulver findet in Luftatmosphäre statt.

Silber-Tantalat-Niobat Pulver

Zur Präparation von keramischem Silber-Tantalat-Niobat (ATN) wird in der Literatur auf verschiedene Herstellungsmethoden hingewiesen. In [40] findet sich eine Aufzählung einiger Methoden, bei denen Ta_2O_5, Nb_2O_5 und Ag_2O [31], oder aber Ag_2SO_4 [13,85] als Edukte verwendet werden. Um bei der Herstellung des ATN eine Kontaminierung der Öfen mit Schwefel zu vermeiden, wird in dieser Arbeit zur Präparation von ATN schwefelfreies Ag_2O verwendet. Zur Vermeidung der bei der Methode nach [31] entstehenden Ausscheidungen von metallischem Silber, wird, wie in [53] und [91] vorgeschlagen, die Kalzination in reiner Sauerstoffatmosphäre durchgeführt. Zusätzlich werden alle präparativen Aufgaben bis zur gesinterten Probe unter Rotlicht durchgeführt, um eine Reduzierung des Ag_2O zu vermeiden.

Bei der Herstellung der Ausgangspulver für ATN werden die Silbertantalate und die Silberniobate getrennt kalziniert. Dabei finden folgende Reaktionen statt:

$$Ag_2O + Ta_2O_5 \xrightarrow{T_{K,AT}} 2 \cdot AgTaO_3 \quad (3.2)$$

$$Ag_2O + Nb_2O_5 \xrightarrow{T_{K,AN}} 2 \cdot AgNbO_3 \quad (3.3)$$

Die jeweilige Kalzinationstemperatur T_K ist in Tab. 3.1 dargestellt. Erst bei der Herstellung der dichten Keramiken und der Pulver für Dickschichtpasten werden diese im gewünschten Mengenverhältnis gemischt.

Tabelle 3.1: Präparationsparameter der Pulver

Zusammensetzung	Bezeichnung	Kalzinationstemperatur T_K	Kalzinationszeit	Mahlverfahren	Farbe	Partikelgröße
$Ba_{0,6}Sr_{0,4}TiO_3$	BST60	1050 °C	15 h	2 h PKM, 18 h RB	weiß	0,2 μm
$AgTaO_3$	AT	900 °C	8 h	2 h PKM, 12 h RB	gelb	0,6 μm
$AgNbO_3$	AN	900 °C	4 h	3 h PKM, 12 h RB	gelb	0,6 μm

RB: Rollenbank, PKM: Planetenkugelmühle

Der Al_2O_3-Tiegel mit den auf Silber basierenden Pulvern wird mit einem Al_2O_3-Deckel versehen und in einen möglichst dichten zylinderförmigen Al_2O_3-Behälter gelegt. Dieser Behälter wird zur Kalzination in einen Rohrofen platziert, der stetig von 100 ml/min Sauerstoff durchflossen wird (Bild 3.1).

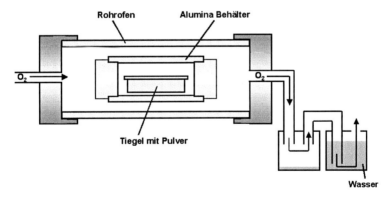

Bild 3.1: Schematische Darstellung des Rohrofens zur Kalzination von AT- bzw. AN-Pulvern

Der zylinderförmige Behälter sorgt dafür, dass das Pulver nicht direkt im Sauerstoffstrom liegt und somit der bei der Kalzination entstehende Silberdampfdruck erhalten bleibt [56]. Das Abfließen des Sauerstoffs erfolgt über zwei am Ausgang des Rohrofens angebrachte Plastikflaschen. Die äußere mit Wasser gefüllte Flasche soll vermeiden, dass die Umgebungsluft in den Rohrofen gelangt, und die innere verhindert ein Einsaugen des Wassers durch den beim Abkühlen des Ofens entstehenden Unterdruck, indem sie das aus der äußeren Flasche angesaugte Wasser am Flaschenboden ansammelt.

Nach dem Kalzinationsprozess wird das gemahlene AT- und AN-Pulver entsprechend dem gewünschten ATN Verhältnis abgewogen und in Cyclohexan in der PKM 1 h lang homogen gemischt.

Sowohl die auf Barium als auch die auf Silber basierenden Pulver weisen im XRD keine detektierbaren Fremdphasen auf.

3.3 Dichte Keramiken

Zur Herstellung von dichten Keramiken wird in einem, ähnlich dem in [72] beschriebenen, zweistufigen Verdichtungsprozess aus ca. zwei Gramm Pulver ein sogenannter Grünkörper hergestellt. Das Pulver wird lose in eine zylinderförmige Edelstahlmatrix mit einem Durchmesser von 10 mm eingefüllt und mit dem Pressstempel mit ca. 5 MPa vorverdichtet. Die Probe wird anschließend in Gummifingerlingen flüssigkeitsgeschützt eingeschlossen und in einem Wasserbad für eine Minute bei 260 MPa (BST60) bzw. 450 MPa (ATN) kaltisostatisch nachverdichtet.

Beim nun folgenden Sinterprozess wird die im Grünkörper enthaltene Oberflächenenergie durch thermisch aktivierte Umlagerung von Atomen minimiert. Im ersten Schritt der Sinterung bilden sich zwischen den Körnern sogenannte Sinterhälse aus. Mit steigender Sintertemperatur bzw. Dauer nimmt die Porosität des Sinterkörpers ab. Die anfangs offene Porosität wandelt sich zunehmend in eine geschlossene und die mittlere Korngröße nimmt zu. Die Sinteraktivität hängt nicht nur von der Zusammensetzung des Pulvers ab, sondern auch von seiner Morphologie, der Partikelgrößenverteilung und der Dichte des Grünkörpers. Das Sintern der BST60-Grünkörper unterscheidet sich von dem des ATN.

Die BST60-Grünkörper werden in Luftatmosphäre im Muffelofen bei 1350 °C bzw. 1400 °C 10 Stunden lang gesintert. Dazu wird die Probe auf eine ZrO_2-Platte mit Waffelmuster auf ein Pulverbett gelegt. Die Aufheizrate beträgt beim Sintern 5 °C/min. Die Abkühlung erfolgt analog zur Aufheizung. Das Sinterprofil erweist sich bei allen präparierten Proben als geeignet, um rissfreie Keramiken mit einer Porosität < 2 % herzustellen.

In das Sinterprofil des ATN wird beim Aufheizprozess mit 10 °C/min eine Zwischenstufe von 2 Stunden bei 850 °C integriert. Der anschließende Anstieg auf die vom Tantalgehalt x abhängige Endtemperatur

$$T_s = 1100\,°C + 300\,°C \cdot x \tag{3.4}$$

beträgt nur noch 1 °C/min, wobei T_s danach drei Stunden gehalten wird. Die Abkühlung erfolgt mit 1 °C/min und ab 700 °C mit 10 °C/min. Der Wert der Porosität der ATN Proben liegt unter 4 %.

Die hergestellten zylindrischen Proben werden mittels Innenlochsäge in Scheiben von 0,5 bis 1 mm Dicke gesägt.

3.4 Dickschichtpräparation

Aufgrund der hohen Permittivität, die Bulkkeramiken im Anwendungsbereich aufweisen, ist ihr Einsatz in Mikrowellenanwendungen wenig wahrscheinlich. Einerseits stellt das Einbringen einer elektrischen Welle in ein solches Material aufgrund des abrupten Übergangs von niedrigpermittiven zu hochpermittiven Material ein Problem dar, andererseits wird das Bauteil durch die permittivitätsbedingte starke Verkürzung der Welle zu klein zur Bearbeitung (Wellenlänge bei 10 GHz und $\epsilon_r = 10000$: $\lambda = 0{,}3$ mm). Die Dickschichttechnik bietet die Möglichkeit eine Schicht von wenigen μm auf ein Substrat niedriger Permittivität aufzubringen und somit eine sich aus Schicht und Substrat zusammensetzende niedrige effektive Permittivität zu erhalten. Sie ist ein industrielles Standardverfahren, mit dem eine reproduzierbare Massenanfertigung möglich ist. Die Vorteile der Dickschichttechnik gegenüber der Dünnschichttechnik sind:

- einfache Technologie zur Strukturierung der Schicht beim Druckvorgang
- niedrige Investitions- und Herstellungskosten
- Substratunabhängigkeit der dielektrischen Eigenschaften, dadurch Möglichkeit zur Verwendung von preislich günstigem, auch bei hohen Frequenzen verlustarmen Aluminiumoxid
- Verringerung der Permittivität des Materials durch Herstellung hochporöser Strukturen
- Große Schichtdicken und somit Eignung zur Übertragung hoher Leistungen
- Kompatibilität der Siebdrucktechnik mit der LTCC-Technik

Bei der Dickschichtpräparation wird eine Siebdruckpaste in Siebdrucktechnik auf das Substrat aufgebracht und nach einem Trocknungsprozess gesintert. Die Einzelheiten der Präparation werden in den folgenden Abschnitten beschrieben.

3.4.1 Siebdruck

Siebdruckverfahren

Das Siebdruckverfahren ist ein technisch einfaches Verfahren, das es erlaubt, komplizierte Strukturen in Form und Dicke reproduzierbar herzustellen. Bei diesem Verfahren werden die Siebdruckpasten durch ein strukturiertes Sieb gepresst. Anschließend wird die Schicht in einem Hochtemperatursinterofen (Fa. Nabertherm) in Luftatmosphäre bei Temperaturen über 1000°C eingebrannt. In Bild 3.2 sind das Prinzip und grundlegende Begriffe des Siebdrucks dargestellt. In der Siebdruckanlage befindet sich das auf einem Rahmen aufgespannte Sieb in einem definierten Abstand (Siebabsprung) über dem Substrat. Die nicht zu bedruckenden Bereiche sind mit einem Siebdruckfilm versehen. In einem ersten Schritt wird die durchlässige Struktur des Siebs über ein Füllrakel (in Bild 3.2 nicht zu sehen) mit der Paste gefüllt. Anschließend wird diese aus dem Sieb über das Druckrakel auf das Substrat gedruckt.

Die einstellbaren Parameter zur Herstellung einer gleichmäßigen, rissfreien Siebdruckschicht mit definierter Höhe und definierten Kanten bei der Siebherstellung und beim Siebdruckprozess sind

- Siebbespannung (Maschenweite, Drahtstärke, Kalandrierung)

3.4. DICKSCHICHTPRÄPARATION

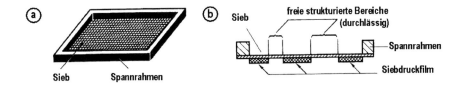

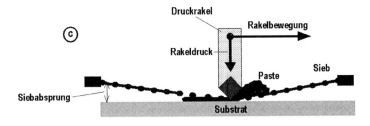

Bild 3.2: Prinzip und grundlegende Begriffe des Siebdrucks [49, 93]

- Dicke des auf dem Sieb aufgebrachten Siebdruckfilms
- Rakeldruck
- Rakelgeschwindigkeit
- Siebabsprung

Für die Herstellung der in dieser Arbeit verwendeten Strukturen wurden Siebe der Firma Koenen, Ottobrunn eingesetzt. Es wurde für die Bespannung ein kalandriertes SD50/30 Edelstahlgewebe mit 325 mesh mit einem Bespannungswinkel von 22,5° und einer Siebdruckkopie mit 20 μm Filmdicke verwendet. Durch den Abstand des Siebgewebes zum Substrat mit dem 20 μm Film wurden Kanten mit einer Rauhigkeit kleiner 1 μm erreicht. Die Schichtdicke steigt von 0 auf 80 % der maximalen Dicke an den Rändern der Struktur über eine Strecke kleiner als 5 μm an. Die von der Siebdruckpaste abhängigen Filmdicken belaufen sich auf $3\,\mu\text{m} < h_2 < 20\,\mu\text{m}$.

Das Drucken erfolgt in einem Reinraum der Klasse 10000 mit einer rechnergesteuerten Siebdruckmaschine mit optischer Positioniereinrichtung (M-2 PC, EKRA). Als Druckparameter wurde ein Siebabsprung von 0,55 mm, ein Rakeldruck von 30 N und eine pastenabhängige Rakelgeschwindigkeit von 15 bis 30 mm/s gewählt. Die Proben werden vor und nach dem Drucken gewogen. Das Nassgewicht wird mit Hilfe der bekannten Geometrieparameter der Struktur auf die bedruckte Fläche bezogen. Somit kann die Menge der Nassschicht pro Fläche mit derjenigen verglichen werden die mit gleichen Pasten aber anderen Geometrien gedruckt wurde. Die Menge der Nassschicht pro Fläche bestimmt auch die Dicke h_2 der gesinterten Schicht. Sie kann durch eine Variierung des Siebabsprungs eingestellt werden. Nach dem Wiegen werden die Strukturen 15 min bei Raumtemperatur vorgetrocknet, um die Unebenheiten des Siebdrucks auszugleichen. Danach erfolgt eine Trocknung der Schichten in einem Trockenofen bei 70 °C (mindestens 3 h), wobei das Lösungsmittel verdampft.

Siebdruckpasten

Zur Herstellung der Siebdruckpaste wird, abgesehen vom ATN, das in Abschn. 3.2 präparierte Pulver verwendet. ATN durchläuft einen weitereren Kalzinierungschritt bei $T_k = 1030\,°C$ (Temperaturprofile siehe Abschn. 3.3, wobei $T_s = T_k$) mit anschließendem Mahlvorgang (bis zu 23 h RB, abhängig von der gewünschten Partikelgröße).

Die präparierte Siebdruckpaste besteht aus einem Gemisch aus der funktionellen Komponente (z.B. keramisches Pulver, Metallpulver) und einem organischen Vehikel. Das Vehikel hat die Aufgabe, der Paste die gewünschten rheologischen Eigenschaften zu verleihen. Es muss zusätzlich eine langzeitstabile, homogene Dispersion der funktionellen Komponente in der Paste gewährleisten. Das in dieser Arbeit verwendete Vehikel besteht daher aus einem langkettigen Polymer (Ethylzellulose, ECT-10 0100, Fa. Hercules), das die Dispersion der Pulverpartikel gewährleistet, und einem Verdünner (Terpinol, Fluke Nr. 86480, Fa. Merck), mit dem die rheologischen Eigenschaften eingestellt werden können.

Die Viskosität der Pasten wird sowohl vom organischen Vehikel als auch vom keramischen Pulver bestimmt. Wesentliche Einflüsse des Pulvers auf die Pastenviskosität sind:

- Partikelkonzentration
- Partikelform
- Partikelgrößenverteilung

Das in dieser Arbeit verwendete Verhältnis von Pasten- zu Vehikelanteil orientiert sich an dem in [93] beschriebenen. Im Vergleich zu den in [93] vorliegenden d_{50}-Werten sind jedoch die d_{50}-Werte der nach der Kalzination gemahlenen BST60 und ATN Pulver kleiner. Daher wird bei der Pastenpräparation von einem auf 54 % erhöhten Vehikelanteil ausgegangen, um das Verhältnis von Oberfläche zu Binderanteil nicht zu verändern.

Die gewünschte Pulvermenge wird zu dem organischen Vehikel in einem verschließbaren Polyethylenbehälter zugegeben und 18 Tage auf der Rollenbank gemischt. Für ein gleichmäßiges Abgleiten der Zirkonoxidkugeln (1 mm Durchmesser, Fa. Tosoh) im Behälter wird Aceton zugefügt. Ist die Paste nach dem Ausdampfen des Aceton zu sehr oder zu wenig viskos, wird Terpinol bzw. Pulver zugefügt und der Mischvorgang so lange wiederholt, bis die Paste ein strukturviskoses (pseudoplatisches) Verhalten aufweist.

Für die Elektrodenstrukturen werden frittenfreie kommerzielle Platin- (PT00, Heraeus) und Gold-Pasten (Nr. 64101003, dmc^2) verwendet.

Um ein Ausdampfen des Vehikels und dessen Umwandlung zu vermeiden, werden die Pasten im Kühlschrank kühl und lichtgeschützt aufbewahrt. Vor dem Siebdruck werden sie bei Raumtemperatur mindestens eine Stunde aufgerührt.

Substrate

Als Substrate werden ausschließlich keramische Al_2O_3 - Substrate der Firma CeramTec mit den Abmessungen $50,8 \times 50,8 \times 0,635$ mm^2 verwendet. Dabei wird für die Herstellung planarer Kondensatoren das nur 96 % reine Rubalit 708S verwendet, da die steuerbare Schicht aufgrund der darunter liegenden Platinelektrode keinen direkten Kontakt zum Substrat hat. Für die anderen planaren Strukturen wird 99,6 % reines Rubalit 710S verwendet. Laut Herstellerangaben weist Rubalit 710S

3.4. DICKSCHICHTPRÄPARATION

einen thermischen Ausdehnungskoeffizienten von $8{,}5 \cdot 10^{-6}$ zwischen 20 und 1000 °C, eine relative Permittivität von $\epsilon_2 = 10$ und Verluste $tan\delta_2 = 0{,}0002$ auf. Die Werte für ϵ_2 und $tan\delta_2$ wurden für Frequenzen zwischen 1 kHz und 90 Ghz durch Messungen am IWE und am IMF I, Forschungszentrum Karlsruhe (Methode der offenen Resonatoren, siehe auch Abschn. 5), bestätigt. Die Substrate wurden abhängig von ihrer Durchbiegung vor dem Drucken bis zu 3 Stunden geschliffen und anschließend poliert, um sowohl definiertere Schichtdicken zu erhalten als auch bei den Hochfrequenzmessungen die Verluste durch Rauheiten zu minimieren. Die Parameter zum Schleifen und anschließenden Polieren der Substrate sind in Anhang C.1 angegeben.

Verdichtung

Um den Einfluss der Porosität auf die elektrischen Eigenschaften der Dickschicht zu charakterisieren, werden nach dem Trocknungsvorgang einige bedruckte Substrate, wie in [93] beschrieben, uniaxial mit einer Kraft von 170 kN (1 min) verdichtet. Dazu wird das Substrat mit der Dickschicht zwischen zwei polierte Werkzeugplatten gelegt. Um Substratbrüche und ein Ankleben der Schicht an der Stahlmatrize zu vermeiden, wird zwischen Substrat und Stahlplatte jeweils eine Polyimid-Folie (Kapton-Folie, Fa. Dupont, Dicke 0,2 mm) gegeben. Die durch den Pressvorgang erreichte Verdichtung führt nach dem Sintern zu einer reduzierten Porosität.

3.4.2 Pyrolysieren und Sintern

Die in der Dickschicht enthaltenen organischen Bestandteile müssen ausgebrannt werden (pyrolysiert), bevor der Sintervorgang so weit vorangeschritten ist, dass geschlossene Poren entstehen. Ansonsten treten weder die beim Ausbrand entstehenden gasförmigen Produkte (z.B. CO, CO_2, H_2O, Stickoxide usw.) aus der Schicht aus, noch kann der zur Verbrennung benötigte Sauerstoff eindiffundieren. Die Pyrolyse des Binders beginnt nach [93] bei Temperaturen um 240 °C und ist bei 350 °C nahezu abgeschlossen. Es wird daher das in Bild 3.3 beschriebene Sinterprofil angewandt.

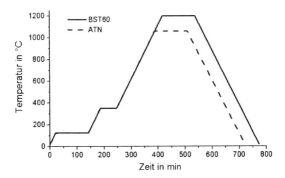

Bild 3.3: Sinterprofil für keramische Dickschichten

Beim Aufheizen werden zunächst 120 °C für zwei Stunden gehalten, um ein Ausdampfen des Lösungsmittels zu erzielen. Die nächste Stufe mit einer Dauer von 1 Stunde befindet sich bei 350°C und dient zum vollständigen Ausbrand des Binders. Anschließend wird die Sintertemperatur $T_{S,D}$

der jeweiligen Schichten angefahren. Nach zwei Stunden Haltezeit wird mit 5 °C/min wieder auf Raumtemperatur abgekühlt.

Die Sintertemperatur $T_{S,D}$ sollte einerseits hoch genug sein, um eine gute Haftung der Dickschicht auf dem Substrat zu gewährleisten, und andererseits aber so niedrig, dass keine starke Reaktion der Dickschicht mit dem Substrat stattfindet. Die Haftfestigkeit wird mittels eines in [11] beschriebenen Klebstreifentests ermittelt. Es wird dazu ein Klebstreifen auf die Dickschichtoberfläche geklebt, fest angerieben und anschließend ruckartig senkrecht zur Schicht abgezogen. Sind mit dem bloßen Auge auf dem Klebestreifen keine Spuren der Dickschicht festzustellen, wird die Haftung als ausreichend angenommen.

3.4.3 Ermittlung der Einbrenntemperatur für $Ba_{0,6}Sr_{0,4}TiO_3$

Bei Temperaturen von 1250 °C werden, wie auch in [98] berichtet, in der BST60-Schicht nadelförmige Strukturen gefunden (Bild 3.4 links). EDX-Untersuchungen (Bild 3.4 rechts) weisen bei BST60-Dickschichten einen erhöhten Anteil Aluminium und einen veringerten Anteil Strontium in den Nadeln auf. Der Barium- und Titananteil scheint in den Nadeln höher als in der restlichen BST60-Schicht zu sein, was an der höheren Materialdichte in den Nadeln liegen könnte. Dabei bleibt noch zu bemerken, dass Barium von Titan im EDX kaum zu unterscheiden ist, da sich die Energie der Lα-Strahlung (Barium) von der Kα-Strahlung (Titan) nur um 43 eV unterscheidet. Der eingebaute Detektor garantiert jedoch nur die Unterscheidung zwischen Materialien mit einer Energiedifferenz der charakteristischen Röntgenstrahlung von mehr als 133 eV .

Bei geringeren Sintertemperaturen sind nur noch im Randbereich der Schicht vereinzelt Nadeln feststellbar. Um den Beginn der Reaktion der Schicht mit dem Substrat festzustellen, wird das zur Dickschichtherstellung verwendete BST60 mit 50-Gewichtsprozent Al_2O_3-Pulver versetzt, homogen gemischt und auf unterschiedliche Temperaturen erhitzt.

In der anschließenden in Bild 3.5 dargestellten Untersuchung mit dem XRD kann der Beginn der Reaktion des untersuchten Pulvers mit dem Al_2O_3 festgestellt werden. Die XRD-Untersuchungen weisen bei Temperaturen von 1080 °C eine $BaAl_6TiO_{12}$-Zweitphase auf. Oberhalb 1200 °C bildet sich eine weitere Phase in Form von $Sr_3Al_{32}O_{51}$ aus. Eine Überprüfung mit der Differential-Thermoanalyse (DSC 404, Netzsch) bestätigte eine Reaktion des BST60 mit Al_2O_3 bei Temperaturen über 1250 °C.

Trotz des intensiven Reflexes von $BaAl_6TiO_{12}$, der bei 1200 °C zu sehen ist, weist eine bei derselben Temperatur gesinterte BST60-Dickschicht nur vereinzelt Nadeln im Randbereich auf. Eine mögliche Erklärung ist, dass einerseits Al_2O_3 in Pulverform reaktionsfreudiger ist, und andererseits durch die 1:1-Mischung wesentlich mehr Al_2O_3 in direktem Kontakt zu BST60 steht. Weiterhin ist die bei den XRD-Untersuchungen verwendete Sinterdauer von 10 h fünfmal länger als bei der Dickschichtherstellung. Da in [98] erst ab 1250 °C vom Beginn einer Diffusion von Ba^{2+}- und Sr^{2+}-Ionen in Al_2O_3-Substrate berichtet wird, und eine gute Haftung von BST60 auf dem Substrat erst ab 1200 °C gegeben ist, wird eine Sintertemperatur von 1200 °C für BST60 verwendet. Die damit wahrscheinliche Entstehung einer dünnen Zwischenschicht zwischen BST60 und Substrat muss in Kauf genommen werden. Mit einer vor dem Siebdruck aufgebrachten Schutzschicht eines inerten Materials mit guten Mikrowelleneigenschaften könnte die Reaktion des BST60 mit dem Substrat vermieden werden. Hier sind noch weitere Arbeiten erforderlich.

3.4. DICKSCHICHTPRÄPARATION

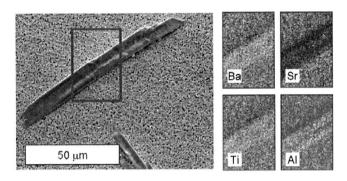

Bild 3.4: *REM-Untersuchungen der Nadelstrukturen einer bei 1200 °C gesinterten BST60-Dickschicht (links: REM-Aufnahme, rechts: EDX-Mapping des eingerahmten Bereiches)*

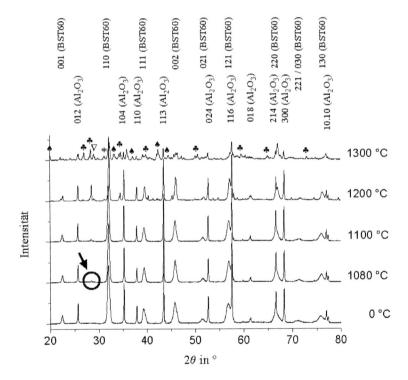

Bild 3.5: *XRD-Untersuchung von bei unterschiedlichen Temperaturen gesintertem BST60 mit 50 Gewichtsprozent Al_2O_3-Pulver.* ♣ *markiert die Reflexe von $BaAl_6TiO_{12}$, (PDF Nr. 33-0132),* ♠ *markiert die Reflexe von $Sr_3Al_{32}O_{51}$ (PDF Nr. 44-0024),* ▽ *markiert die Reflexe von $SrAl_2O_4$ (PDF Nr. 31-1336) und* ∗ *markiert die Reflexe von $Sr_4Al_2O_7$ (PDF Nr. 28-1205).*

3.4.4 Ermittlung der Einbrenntemperatur für Ag(Ta,Nb)O$_3$

Um den Beginn der Reaktion der ATN-Schicht mit dem Substrat festzustellen, wird AgTa$_{0.2}$Nb$_{0.8}$O$_3$-Pulver (ATN80) mit 10-Gewichtsprozent Al$_2$O$_3$-Pulver versetzt und auf unterschiedliche Temperaturen erhitzt. Der Grund, weshalb bei ATN80 weniger Al$_2$O$_3$ zugemischt wird, liegt an der bei vorherigen Versuchen beobachteten wesentlich heftigeren Reaktion.

In der anschließenden in Bild 3.6 dargestellten Untersuchung von ATN80 mit dem XRD konnten Zweitphasen erst ab 1150 °C festgestellt werden. Da die Haftung von ATN80 schon bei Tempe-

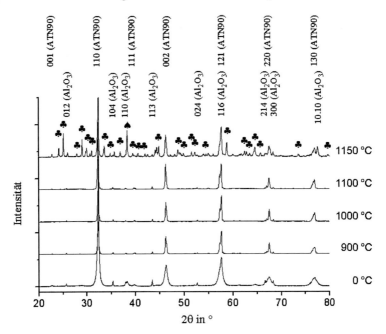

Bild 3.6: *XRD-Untersuchung von bei unterschiedlichen Temperaturen gesintertem AgTa$_{0.2}$Nb$_{0.8}$O$_3$ mit 10 Gewichtsprozent Al$_2$O$_3$-Pulver.* ♣ *markiert die Reflexe von AlNbO$_4$ und AlTaO$_4$, (PDF Nr. 41-0347 und 25-1490), und* ♠ *markiert die Reflexe von Ag (PDF Nr. 22-0471). [126]*

raturen von 1060°C ausreichend ist, wird diese zum Sintern verwendet. In Bild 3.6 ist aufgrund der Nachweisgrenze (1 bis 2 %) des XRD keine Fremdphasen zu erkennen. Aufgrund des XRD-Untersuchung von der bei 1150 °C kalziniertem Pulverzusammensetzung wird jedoch angenommen, dass der Ursprung der Haftung bei 1080 °C auf einer Reaktion von Niob und Tantal mit Aluminium basiert.

Zusammenfassung der Präparationsparameter der hergestellten Dickschichten

Die Präparationsparameter der hergestellten Dickschichten sind in Tab. 3.2 nochmals zusammengefasst. Aufgrund der Ergebnisse der elektrischen Messungen an dichten ATN-Keramiken (Abschn. 5.7) wurden für ATN-Dickschichten die Mischung mit Ta-Anteilen von 10 und 20 % verwendet. Die Korngröße wurde durch REM-Untersuchungen bestimmt. Bei BST60 unterscheidet sich die Partikelgröße des Ausgangspulvers nicht von der Korngröße der Dickschicht. Der Grund liegt in der im Verleich zur Sintertemperatur T_S der dichten Keramik wesentlich niedrigeren Sintertemperatur $T_{S,D}$ der Dickschicht ($T_S \geq T_{S,D} + 150$).

Tabelle 3.2: Präparationsparameter der hergestellten Dickschichten

Zusammen-setzung	Partikelgröße Ausgangspulver	Sintertemperatur $T_{S,D}$	Haltezeit	Korngröße der Schicht	Porosität
$Ba_{0,6}Sr_{0,4}TiO_3$	0,3 µm	1200 °C	2 h	0,3 µm	27 %
$AgTa_{0,1}Nb_{0,9}O_3$	1,5 µm	1030 °C	2 h	2 - 3 µm	24 %
$AgTa_{0,2}Nb_{0,8}O_3$	0,4 µm	1030 °C	2 h	1 µm	6 %

3.4.5 Bestimmung der Porosität

Bei der Bestimmung der Porosität der untersuchten Materialien (BST, ATN) zur späteren Interpretation der elektrischen Eigenschaften konnte nicht auf DIN-Normen [23–25] zurückgegriffen werden, da einerseits die dort beschriebenen Methoden nur zur Untersuchung der offenen Porosität homogener Materialsysteme geeignet sind, und andererseits ein Fehler von 5 bis 10 % beim Feststellen der geometrischen Abmessungen der Dickschichten aufgrund der schwankenden Schichtdicke stark in die Berechnung der Porosität eingeht. Auch ist die Masse der Dickschicht zu gering, um die Genauigkeit solcher Methoden zu garantieren. Es wird daher eine optische Methode mit rechnerunterstützter Bildanalyse verwendet. Dazu wird die Dickschicht gebrochen und poliert (siehe Anhang C.1), und es werden im REM möglichst kontrastreiche Bilder der Bruchfläche aufgenommen. Ein in Mathcad2000 erstelltes Programm erzeugt ein Histogramm des Bildes, das erste Anhaltspunkte zur Einstellung der Schwellwerte zur Zuordnung der Grauwerte zu Poren und Material liefert. Die erhaltenen Werte werden in ein weiteres Mathcad2000 Programm eingegeben, und über einen manuellen iterativen Prozess werden die Grauwerte den Poren bzw. dem Material zugeordnet. Als Porositätswert wird der aritmetische Mittelwert der Porositäten in an verschiedenen Stellen aufgenommenen REM-Bildern genommen. Die Methode ist in Bild 3.7 für eine $AgTa_{0,05}Nb_{0,95}O_3$-Keramik bildlich dargestellt.

Am Institut für Keramik im Maschinenbau (IKM), Universität Karlsruhe, wird ein leicht von dem in [23] beschriebenen abgewandeltes Immersionsprinzip angewandt, dass es ermöglicht die Gesamtporosität (geschlossene und offene Porosität) von mehr als 200 µm dicken Wärmedämmschichten zu bestimmen. Die dort untersuchten Wärmedämmschichten wurden in der hier vorliegenden Arbeit verwendet um die Methode der optischen Bestimmung der Porosität zu verifizieren. Der durch die optische Methode bestimmte Porositätswert wies eine Abweichung von ± 1,5 % zu dem am IKM bestimmten auf.

3.5 Herstellung der Elektroden

Bei der Herstellung der Elektroden wird zwischen nicht strukturierten Elektroden für Bulkkeramik und strukturierten Elektroden für Dickschichten unterschieden. Die strukturierten Elektroden

44 KAPITEL 3. PRÄPARATION

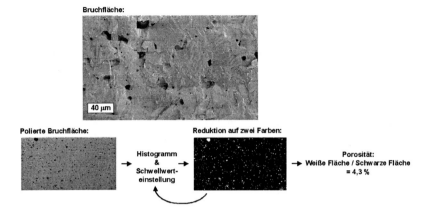

Bild 3.7: *Beispiel für das Verfahren zur optischen Bestimmung der Porosität anhand einer* $AgTa_{0.05}Nb_{0.95}O_3$-*Keramik*

wurden in Dickschicht- und in Dünschichttechnologie hergestellt, wobei bei den Elektroden für Hochfrequenzmessungen noch ein zusätzlicher Galvanikprozess zur Anwendung kommt.

3.5.1 Elektroden für dichte Bulkkeramik

Um elektrische Messungen an den plättchenförmigen keramischen Proben durchführen zu können, werden zur Herstellung von Plattenkondensatoren Goldelektroden als Kontakte aufgebracht. Vor der Kontaktierung werden die Proben einer 15-minütigen Reinigung mit Aceton im Ultraschallbad unterzogen. Das Aufbringen der Elektroden erfolgt durch dreiminütiges Sputtern mit einem Edwards Sputter Coater S150B in Argonatmosphäre. Da, wie in Kapitel 4.3.1.1 gezeigt, die Messgenauigkeit am höchsten ist, wenn die Elektroden bis an den Rand des Plattenkondensators geführt werden, werden die Proben ohne Maske in die Sputteranlage gelegt und das an den Rändern der Probe aufgebrachte Gold abgeschliffen.

3.5.2 Elektroden für Dickschichten

Elektroden für Niederfrequenzmessungen

Die Niederfrequenzmessungen an Dickschichten erfolgen über zwei verschiedene Methoden, mit Plattenkondensatorstrukturen hergestellt in Dickschichtechnik und Interdigitalkondensatoren (IDC) in Dünnschichttechnik.

Bei den Pasten, mit denen eine rissfreie Schicht mit einer Dicke von mindestens 3 μm hergestellt werden konnte, wurden ähnlich wie bei der Vermessung massiver Keramik Plattenkondensatorstrukturen hergestellt. Dabei wurde zunächst eine 3 μm dicke Platinschicht auf Al_2O_3-Substrate gedruckt und bei 1340 °C eingebrannt. Daraufhin wurde die zu untersuchende Dickschicht auf die Platinelektrode gedruckt und bei Temperaturen zwischen 1000°C und 1250°C gesintert. Als obere Elektrode wurde eine Goldschicht von 1,5 μm auf die Dickschicht gedruckt und bei 900°C eingebrannt. Bei

3.5. HERSTELLUNG DER ELEKTRODEN

dem so erhaltenen Plattenkondensator mit einer Fläche $A = 12\,\text{mm}^2$ und einem Abstand der Elektroden d von 5 bis 20 μm können laut Gleichung 2.21 die Randfelder vernachlässigt werden. Bild 3.8 zeigt die REM-Aufnahme der Bruchfläche eines auf diese Weise hergestellten Plattenkondensators.

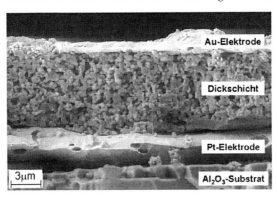

Bild 3.8: REM-Aufnahme eines Bruchs durch einen in Dickschichttechnik hergestellten Plattenkondensator (BST60)

Die zweite Herstellungsart der Elektrodenstruktur für Niederfrequenzmessungen erfolgt in der Dünnschichttechnik. Die Elektrodenstrukturen werden in Form von IDCs direkt auf die auf Al_2O_3-Substrate gedruckten Dickschichten aufgebracht (Bild 3.9). Die Strukturierung erfolgt durch einen fotolithografischen Prozess, bei dem die strukturierte Fotolackschicht vor dem Sputtern der Leiterschicht aufgebracht wird (Lift-Off-Verfahren siehe Abschn. 3.5.3). Vorteil des Lift-Off-Verfahrens ist der Wegfall eines zur Strukturierung der Elektroden in der Dünnschichttechnik häufig angewandten Ätzschrittes, der die unter den Elektroden liegende Schicht chemisch angreifen könnte. Die Leiterbahnen haben eine Schichtdicke von 200 nm und werden mit einem Balzers Sputter Coater, SCD050, hergestellt.

Nachteile beider Methoden sind durch Schwankungen in der Schichtdicke bedingte Messfehler. Weitere Vor- und Nachteile der zwei unterschiedlichen Elektrodenstrukturen sind in Tabelle 3.3 dargestellt.

Tabelle 3.3: Vergleich Plattenkondensator (PK) - Interdigitalkondensator (IDC)

	PK	IDC
- Einfachheit der Berechnung der dielektrischen Größen (kleine Rechenfehler)	+++	++
- Realisierung ausschließlich in Siebdrucktechnik	+++	-
- Möglichkeit zur Charakterisierung leicht rissbehafteter bzw. hochporöser dünner Schichten (keine Kurzschlüsse zwischen den Elektroden)	- -	++
- Anzahl der Sinterschritte	3	1
- Keine Eindiffundierung des Elektrodenmaterials	+	+++

+++ sehr gut, ++ gut, + zufriedenstellend, - ausreichend, - - mangelhaft

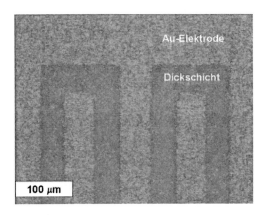

Bild 3.9: *Lichtmikroskop-Aufnahme eines Ausschnitts der Oberfläche einer mit IDCs strukturierten Dickschicht*

Elektroden für Hochfrequenzmessungen

Bei der Herstellung der Elektroden für Hochfrequenzmessungen, wird ein gegenüber dem Verfahren zur Herstellung der IDCs leicht abgewandelte Verfahren angewendet. Um bei den Hochfrequenzmessungen die Leiterbahnverluste niedrig zu halten, muss die Leiterschicht in einem galvanischen Prozess auf mindestens 2,5 μm (Skintiefe in Gold etwa 800 nm bei 10 GHz, siehe auch Gl. 2.70) verstärkt werden. Da gute Leiter wie Gold, Silber oder Kupfer nur schlecht auf anorganischen Substraten, wie der hier verwendeten Al_2O_3-Keramik, haften, wird zur Haftungserhöhung zunächst eine dünne Chromschicht (20 nm) als Haftvermittler auf das Substrat aufgebracht. Es folgt ein zweiter fotolithographischer Strukturierungsschritt, um beim Galvanisieren ein Zusammenwachsen der Struktur zu vermeiden. Nach dem Galvanisieren wird der Fotolack entfernt und die Probe mit einem Schutzlack versehen, bevor sie mit einer Wafersäge auf die gewünschten Abmessungen gesägt wird.

Bild 3.10 zeigt die zu durchlaufenden Schritte zur Herstellung der Elektroden in der Dünnschichttechnik, die sowohl für die Strukturen bei Niederfrequenz- als auch bei Hochfrequenz-Messungen zum Einsatz kommen.

3.5.3 Lift-Off-Verfahren

Nachfolgend sind die technologischen Verfahren für die Herstellung der Elektroden in der Dünnschichttechnik einschließlich der relevanten Prozessparameter aufgeführt. Die technologische Unterstützung war durch die Zusammenarbeit mit dem Institut für Elektrotechnische Grundlagen der Informatik (IMS, Universität Karlsruhe) gewährleistet, an dem besonders die Herstellung supraleitender Schaltungen optimiert wird.

Fotomaskenherstellung

Die Schaltungslayouts wurden mit dem Programm AutoCAD LT, Autodesk Inc. erstellt und die Dateien an die Firma Koenen, Ottobrunn gesandt, die eine Fotomaske im Originalmaßstab auf Polyesterfolie herstellt. Von dieser Folie wurde durch Abfotografieren eine kratzfeste Kopie mit Chrom-

3.5. HERSTELLUNG DER ELEKTRODEN

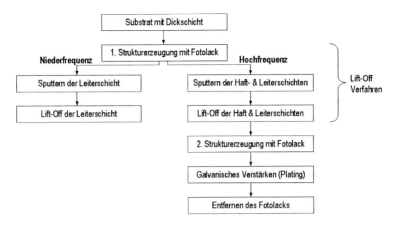

Bild 3.10: Verfahren zur Herstellung der Elektrodenstruktur

beschichtung im Maßstab 1:1 auf Quarzglas erstellt. Dieser Schritt ist notwendig, da die Strukturierung der Substrate durch Kontaktbelichtung erfolgt und die gedruckten Dickschichten eine große Oberflächenrauhigkeit aufweisen.

Lift-Off

Beim Lift-Off-Verfahren (Bild 3.11) zur Strukturierung von Leiterstrukturen wird in einem ersten Schritt der Fotolack ganzflächig aufgebracht, durch die erstellte Chrommaske belichtet, gehärtet und entwickelt. Danach erfolgt das thermische Aufdampfen der Haftschicht und der Leitschicht. Schließlich werden die auf dem Fotolack aufgebrachten Schichtanteile im Ultraschallbad mit Aceton entfernt, und die Leiterstruktur bleibt als Negativ zur Chrommaske bestehen.

Sputtern der Elektroden für Hochfrequenzmessungen

Zur Bestimmung der Sputterzeit wurden Al_2O_3-Substrate 10 min lang mit fest eingestellten Parametern mit den aufzubringenden Metallen besputtert. Die Dicke der in dieser Zeitspanne aufgebrachten Schicht wurde im REM festgestellt und die Zeit für die gewünschte Schichtdicke berechnet. Die verwendeten Herstellungsparameter der gesputterten Elektroden sind in Tab. 3.4 zusammengestellt.

Tabelle 3.4: Herstellungsparameter der gesputterten Elektroden

Material	Druck in Pa	Argonanteil in sccm	DC - Leistung in W	Vorsputterzeit in s	Sputter zeit in s	Filmdicke in nm
Cr	500	80	50	30	54	30
Au	55	80	50	30	84	150

Vor dem Besputtern wurden die Dickschichten für 1 h in einen Ofen mit 50 °C gelegt, um eine Anlagerung von Kondenswasser und eine damit verbundene schlechte Haftung zu vermeiden. Aufgrund der drehbaren Targetteller der Sputteranlage war es möglich, die Goldschicht in-situ direkt nach der Haftschicht aufzusputtern.

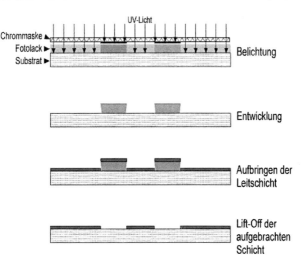

Bild 3.11: *Prinzip des Lift-Off-Verfahrens*

Bild 3.12 zeigt REM-Aufnahmen der Oberfläche der gesputterten Schichtfolgen Substrat-Leiterelektrode bzw. Substrat-BST60-Leiterelektrode. Dort sind einerseits deutlich eine glatte, geschlossenere Goldschicht auf der Al_2O_3-Keramik und andererseits eine rauhe, unregelmäßige Goldschicht auf der BST60-Dickschicht zu erkennen.

Durch einen verlängerten Sputterprozess kann die Schicht auf maximal 800 nm verdickt werden, da ein sicheres Abheben des Fotolacks für größere Schichtdicken nicht mehr gewährleistet ist. Durch das nicht zu vermeidende Zusammenwachsen der Leiterschicht auf dem Substrat mit derjenigen auf dem Fotolack kommt es zu steifen Verbindungen, die beim Lift-Off dann nur teilweise aufgebrochen werden. Somit kann die bei den Messfrequenzen benötigte Leischichtdicke größer 2,5 μm nicht erreicht werden (dreifache Skintiefe bei 10 GHz entspricht ca. 2,5 μm, Gl. 2.70). Zusätzlich wird durch einen längeren Sputterprozess eine unnötige Menge Gold verschwendet, da weniger als 30 % Prozent des gesputterten Goldes auf dem Substrat landen. Es wird daher das Verfahren des galvanischen Verdickens angewandt, um Elektroden der benötigten Dicke herzustellen.

3.5.4 Galvanisches Verstärken

Das für Hochfrequenzmessungen notwendige Verdicken der Elektroden erfolgt durch galvanisches Abscheiden einer Goldschicht auf die metallisierten Stellen des Substrats. Die Proben werden dazu in ein kaliumcyanidhaltiges Goldbad getaucht, so dass alle metallisierten Stellen vollständig von der Flüssigkeit bedeckt sind. Ein Edelstahlblech mit größerer Fläche als die zu galvanisierende Fläche wird parallel zum Substrat in einem Abstand von ca. 4 cm ausgerichtet. Eine Stromquelle, mit welcher der gewünschte Strom eingestellt wird, wird nun so angeschlossen, dass die Probe die Kathode und das Blech die Anode bildet. Die Abscheidungsrate des Goldes hängt von der eingestellten Stromdichte und der Badtemperatur ab. Die Herstellungsparameter für das verwendete Goldbad mit 10 g Au/Liter (AURUNA 572, Degussa) sind in Tab. C.2 angegeben.

3.5. HERSTELLUNG DER ELEKTRODEN

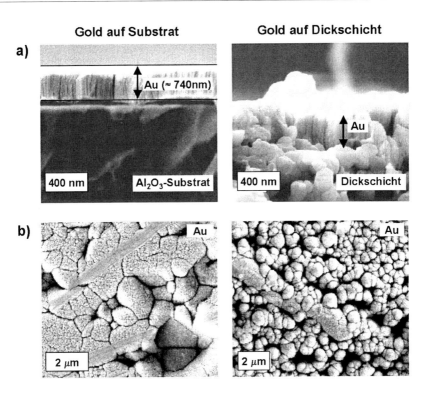

Bild 3.12: REM-Aufnahmen der der gesputterten Schichtfolgen Substrat-Leiterelektrode bzw. Substrat-BST60-Leiterelektrode; a) Querbrüche; b) Oberflächen [43]. Durch einen reinen Sputterprozess konnte keine regelmäßige Goldschicht der benötigten Dicke (>2,5 µm) hergestellt werden. Sowohl bei der direkt auf das Substrat als auch bei der auf BST60 gesputterten Goldschicht ist die Struktur des unter dem Gold liegenden Materials zu erkennen.

Vor dem Galvanisieren wird zur Erzielung gerader Kanten und hoher Maßhaltigkeit der Strukturen erneut fotolithografisch strukturiert. Mit der so erhaltenen Abdeckung nicht vergoldeter Flächen und den etwa 1,5 mm hohen, steilen Wänden des Fotolacks kann ein unkontrolliertes transversales Wachstum beim galvanischen Verstärken der Goldschicht verhindert werden. Danach werden alle Innenflächen, die keine Verbindung zur äußeren Metallisierung haben, mit Indium-Bonddrähten kontaktiert, welche sich nach dem Galvanisierungsprozess leicht wieder entfernen lassen.

Die gemessenen Schichtdicken der Elektroden betragen 3 bis 4 µm. Bild 3.13 zeigt REM-Aufnahmen des Querbruchs durch Substrat-BST60-Leiterelektrode und die Oberfläche der Gold- und der BST60-Schicht. Die Au-Schicht auf dem BST60 ist im Vergleich zu Bild 3.12 dicht zusammengewachsen, weist aber noch deutlich die Morphologie der unter ihr liegenden BST60-Schicht auf. Zu erkennen ist außerdem eine starke Überhöhung der Leiterkante durch die erhöhten Randströme beim galvanischen Prozess.

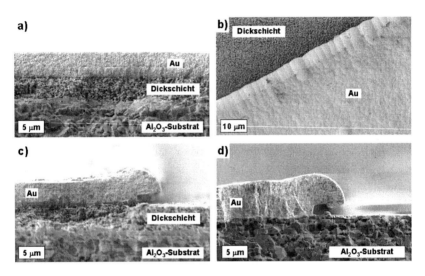

Bild 3.13: REM-Aufnahmen der galvanisch verstärkten BST60-Schichten, a), c) Querbruch durch Substrat-BST60-Gold, b) Oberfläche der Gold- bzw. BST60-Schicht, d) Querbruch durch eine auf Al_2O_3-Substrat aufgebrachte Goldelektrode. Die erhöhten Randströme beim galvanischen Prozess führen zu einer starken Überhöhung der Leiterkante. [43]

Kapitel 4

Messtechnik

Im Laufe dieser Arbeit wurden Messmethoden angepasst und auch neu entwickelt, die es ermöglichen die dielektrischen Eigenschaften der Keramiken und der Dickschichten temperaturabhängig und über einen großen Frequenzbereich festzustellen. Im folgenden sollen diese Messmethoden vorgestellt werden.

Bei der Ermittlung der elektrischen Größen wie der Permittivität ϵ_r und der Verluste tanδ der untersuchten Keramiken wird aufgrund der in den Grundlagen beschriebenen unterschiedlichen auftretenden Feldtypen (statisches - quasistatisches Feld) zwischen Niederfrequenzmesstechnik (NF-Messtechnik, bis zu 1 MHz) und Hochfrequenzmesstechnik (Hf-Messtechnik, 1 MHz bis 100 GHz) unterschieden.

Sowohl die Spezifikation der Messleitungen als auch die verwendete Probengeometrie ist frequenzabhängig. Daher ist die Konzeption der Messaufbauten abhängig von der Messfrequenz bei welcher sie zum Einsatz kommen. Die Messaufbauten müssen dahingehend entwickelt werden, dass eine Steuerspannung in Form einer Gleichspannung im kV-Bereich an die Probe angelegt werden kann. Weiterhin soll ein breiter Temperaturbereich von mindestens -30 bis 120 °C (Standard) durchfahren werden können.

4.1 Niederfrequenzmesstechnik

Messungen im NF-Bereich ermöglichen, erste Kenndaten über die dielektrischen Eigenschaften wie Permittivität und Steuerbarkeit zu erhalten und eignen sich somit zur Voruntersuchung der Materialsysteme. Im Vergleich zu den Messmethoden im HF-Bereich ist der Aufwand an Präparation (Galvanisieren: Abschn. 3.5.4) und Messauswertung (Abschn. 4.2.3) erheblich geringerer. Weiterhin sollen Untersuchungen im NF-Bereich zum besseren Verständnis von Relaxationseffekten [21,55] und der Verlustmechanismen des Materials beitragen [30,79].

Die im NF-Bereich eingesetzten Messstände sollen die zuverlässige Messung der komplexen Impedanz dichter dielektrischer Keramiken und poröser Dickschichten im Temperaturbereich von 30 K bis 600 K bei Frequenzen von 3 μHz bis zu 1 MHz ermöglichen. Zur Erzeugung des elektrischen Steuerfeldes bei Plattenkondensatoren aus dichter Keramik sollen Spannungen von bis zu 5 kV angelegt werden können. Um eine ausreichende mechanische Stabilität der Keramik zu gewährleisten beträgt der minimale Elektrodenabstand 500 μm. Somit wird bei maximaler elektrischer Spannung ein maximales Feld von 10 kV/mm erzeugt. Aufgrund der geringeren Abstände der Elektroden bei den Dickschichtproben ist die theoretische maximale Feldstärke wesentlich höher, die jedoch aufgrund elektrischer Durchbrüche nicht erreicht wird.

Es werden verschiedene Elektrodenstrukturen für keramische Plattenkondensatoren, Dickschicht-Plattenkondensatoren und Dickschicht-IDCs verwendet. Daher werden bei den Messplätzen verschiedene Halterungen und Anschlüsse für die unterschiedlichen Proben vorgesehen.

4.1.1 Niederfrequenzmessplätze

Für die Messungen im NF-Bereich wurden zwei unterschiedliche Messplätze entwickelt, die, wie im folgenden genauer beschrieben, unterschiedliche Impedanzmessgeräte verwenden und deren Kühlmethoden auf unterschiedlichen Prinzipien basieren. Beide sind jedoch für Messungen an dichten Keramiken und an Dickschichten geeignet.

Der hier zuerst geschilderte Messplatz wurde in einer Teamstudienarbeit entwickelt [68] und wird im Folgenden Kryostatmessplatz (KMP) genannt, da die Kühlung mit einem Refrigerator-Kryostaten „ROK 10-300" der Firma Leybold-Heraeus erfolgt. Der Messplatz besteht aus zwei unterschiedlichen Messkammern, einer Kühlkammer für die Temperaturen von -180 °C bis 60 °C und einer Ofenkammer von Raumtemperatur bis zu 330 °C, mit einer Überschneidung des Temperaturbereichs von zirka 35 °C.

Die Bestimmung der komplexen Impedanz der zu messenden Proben erfolgt mit Hilfe des LCR-Meters „hp-4274A" (Hewlett-Packard) für Frequenzen von 100 Hz bis 100 kHz bzw. mit dem LCR-Meter „hp-4275A" für Frequenzen von 10 kHz bis 10 MHz. Im Frequenzbereich der jeweiligen LCR-Meter stehen 11 bzw. 10 diskrete Messfrequenzen zur Verfügung. Die Amplitude der Messspannung kann in einem Bereich von 1 mV bis zu 5 V variiert werden, wobei hier 1 V verwendet wird.

Zur Messung der Steuerbarkeit der dielektrischen Keramiken wird der Messspannung eine hohe Gleichspannung von bis zu 5 kV überlagert. Da die LCR-Meter jedoch nur eine direkte Einkopplung von Gleichspannungen bis zu maximal 200 V erlauben, muss die zusätzlich angelegte Hochspannung vom Messgerät entkoppelt werden. Die Entkopplung der Hochspannung von der Impedanzmessbrücke und der Schutz derselben vor eventuell auftretenden Hochspannungsgradienten durch schlagartigen Abriss der Hochspannung beim Abziehen der Kabel oder durch das Durchschlagen der Probe wird über die in Bild 4.1 dargestellte Schaltung erreicht, die ähnlich wie die in [47] vorgeschlagene aufgebaut ist.

Die Entkopplung der Gleichspannung erfolgt über zwei Kondensatoren $C = 220$ nF, und der Transientenschutz wird durch zwei bidirektionale Suppressordioden TVS (SAC 12.0, LCE 12.0 oder SA 12-bidirektional oder ersatzweise 2 mal unidirektional) gewährleistet. In Serie zu den TVS-Dioden sind zwei Standardsiliziumdioden (z.B. 1 N 4148) antiparallel geschaltet. Zusammen mit den TVS bilden sie einen Kapazitätsteiler, um die Gesamtkapazität im Schutzzweig minimal zu halten und damit eine unerwünschte Kopplung der HF gegen Schirmmasse zu verhindern [74].

Die Hochspannung wird über zwei Metallschichtwiderstände $R = 5$ MΩ eingespeist. Dadurch wird bei einem Durchschlag eine zu starke Belastung des Messgeräts durch den Kurzschlussstrom verhindert.

4.1. NIEDERFREQUENZMESSTECHNIK

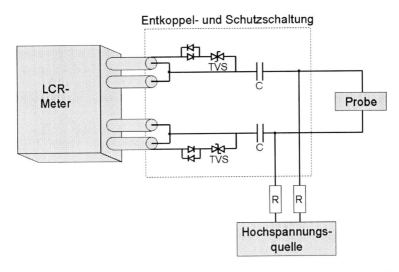

Bild 4.1: Schaltung zur Enkopplung der Hochspannung von der Messspannung. Die in Serie zu den TVS-Dioden antiparallel geschalteten zwei Standardsiliziumdioden bilden einen Kapazitätsteiler. Damit wird die Gesamtkapazität im Schutzzweig minimiert und eine unerwünschte Kopplung der HF gegen Schirmmasse verhindert [74].

Mit Hilfe eines LabView - Programms können am Kryostatmessplatz Messabläufe vollautomatisch durchgeführt werden, bei denen Messfrequenz, Temperatur und angelegte Gleichspannung variiert wird.

Der zweite, ebenfalls in einer am IWE betreuten Studienarbeit [88] entwickelte Niederfrequenzmessplatz (im folgenden Stickstoffmessplatz genannt) wird mit Stickstoff gekühlt. Der Temperaturbereich kann ohne Wechseln der Probenkammer von -180 °C bis zu 220 °C durchfahren werden. Die Messung der komplexen Impedanz erfolgt bei diesem Messstand mit Hilfe eines „Alpha High Resolution Dielectric Analyzer" der Firma Novocontrol, dass einen Frequenzbereich von $3\,\mu$Hz bis 10 MHz hat. Das Gerät besitzt ein ausgesprochen hohes Auflösungsvermögen der Verluste bis $\tan\delta = 10^{-5}$. Weiterhin ermöglicht es, dem Messsignal eine Gleichspannung von -150 V bis 150 V zu überlagern. Die Überlagerung einer Hochspannung größer 150 V erfolgt nach dem gleichen Prinzip wie beim Kryostatmessplatz. Auch an diesem Messstand wurde eine Messspannung der Amplitude 1 V eingestellt.

Bei beiden Niederfrequenzmessplätzen erfolgt die Messung der Probentemperatur über ein in direkter Nähe der Probe (Abstand des Thermoelements zur Probe $\approx$ 1 mm) angebrachtes Thermoelement.

4.1.2 Kalibrierung der Niederfrequenzmessplätze

Durch den Einfluss der Zuleitungen für Mess- und Hochspannung, der Geometrie der Probenkammer, der Entkopplungskondensatoren und anderer Störfaktoren wird das Ergebnis der gemessenen

Probe verfälscht. Diese Störeinflüsse werden nach einer Kalibrierung der Messstände herausgerechnet.

Vor Beginn einer Messung am Kryostatmessplatz wird mit den LCR - Metern von HP eine Kalibrierung durchgeführt. Bei dieser Kalibrierung wird davon ausgegangen, dass bei den diskreten Frequenzen der Messbrücke die das Messergebniss verfälschenden Einflüsse jeweils einen parallelen und einen seriellen komplexen Widerstandsanteil in das Messergebnis einbringen (Bild 4.2).

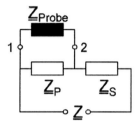

Bild 4.2: *Ersatzschaltbild zur Beschreibung des Einflusses der Zuleitungen zu den Anschlüssen 1 und 2*

Um den komplexen, zur Probe parallel liegenden Widerstand $\underline{Z}_P$ und den komplexen Serienwiderstand $\underline{Z}_S$ aus dem gemessenen komplexen Gesamtwiderstand bestimmen zu können, wird vor der Messung bei allen diskreten Messfrequenzen eine Kurzschluss- und Leerlaufmessung durchgeführt. Dabei wird für den Kurzschluss ein Goldplättchen und für die Leerlaufmessung, wenn nötig ein Abstandshalter aus PVC verwendet. Aus den resultierenden Werte für $\underline{Z}_{Kurzschluss}(f)$ und $\underline{Z}_{Leerlauf}(f)$ können dann $\underline{Z}_S(f)$ und $\underline{Z}_P(f)$ extrahiert werden.

$$\underline{Z}_S(f) = \underline{Z}_{Kurzschluss}(f) \tag{4.1}$$

$$\underline{Z}_P(f) = \underline{Z}_{Leerlauf}(f) - \underline{Z}_{Kurzschluss}(f) \tag{4.2}$$

Die Kalibrierparameter werden in einer Datei abgespeichert und während der Messung am Kryostatmessplatz zur Online-Korrektur der Messwerte verwendet.

Bei Messungen am Stickstoffmessplatz wird die Korrektur der Messwerte anhand der vorangegangenen Kurzschlussmessungen und Leerlaufmessungen nach der Messung durchgeführt, da die Programmierung einer automatische Korrektur während der Messung zu diesem Zeitpunkt der Arbeit noch nicht abgeschlossen ist.

4.2 Hochfrequenzmesstechnik

In diesem Abschnitt wird zunächst der Aufbau des Hochfrequenzmessplatzes beschrieben. Es folgt mit der Beschreibung der Methode des geraden Leitungsresonators ein Verfahren zur Charakterisierung von dünnen Schichten. Schließlich wird die in dieser Arbeit verwendete Auswerteroutine vorgestellt, die es ermöglicht, aus den gemessenen Transmissionskurven des Resonators die Resonanzfrequenz und die 3 dB-Bandbreite zu erhalten.

4.2. HOCHFREQUENZMESSTECHNIK

4.2.1 Aufbau des Hochfrequenzmessplatzes

Der in Bild 4.3 schematisch dargestellte Hochfrequenzmessplatz besteht aus einem vektoriellen Netzwerkanalysator (VNWA) der Firma Agilent (HP8510C) mit einem S-Parameter Test-Set bis 50 GHz. Für alle Messungen wurde eine „Full-Two-Port Kalibration" mit „Adapter-Removal" bei Raumtemperatur durchgeführt. Dadurch ist eine direkte Kalibration auf die koaxialen Anschlüsse des VNWA gewährleistet. Die Temperaturmessungen von -30 °C bis 120 °C wurden in einem Klimaschrank der Firma Weiss (Wk 1/180) durchgeführt.

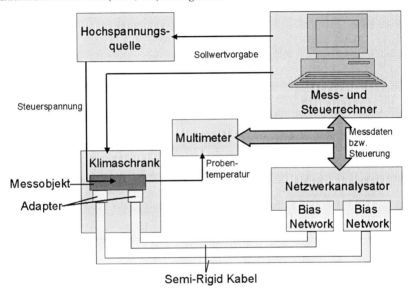

Bild 4.3: *Schematischer Aufbau des HF-Messplatzes*

Die angelegte Steuerspannung darf auf keinen Fall an den niederohmigen Eingang des Netzwerkanalysators gelangen. Daher werden die steuerbaren Elemente der Bauteile mit verschiedenen in späteren Kapiteln beschrieben DC-Entkopplungsstrukturen versehen. Vor der Messung werden die Eingänge der zu untersuchenden Bauteile kurzgeschlossen und eine Gleichspannung angelegt, die 20 % höher ist als die spätere maximale Steuerspannung. Zur anschließenden Messung wird die Spannungsquelle an einen Spannungsteiler angeschlossen, welcher derart konfiguriert ist, dass die vorher getestete Spannung selbst bei einem Defekt der Quelle oder einem falschen Ansteuersignal nicht überschritten werden kann. Der Spannungsteiler dient somit als Schutzwiderstand.

Die Bias Networks bieten einen zusätzlichen Schutz für den Netzwerkanalysator vor der Steuerspannung. Zusätzlich können die zwei Bias Networks verwendet werden, um eine Steuerspannung bis 100 V einzuspeisen, wobei in diesem Fall auf die DC-Entkopplung im Bauteil verzichtet werden kann. Der Netzwerkanalysator wird auf die direkt an das Bauteil angeschlossenen Kabelenden kalibriert, und es können somit die tatsächliche Reflexion und Dämpfung der Bauteile ohne den Einfluss der DC-Entkopplung gemessen werden.

Die Messprozedur ist mit Hilfe eines Messrechners (WindowsNT) vollständig automatisiert. Über ein C-Programm werden Klimaschrank und Netzwerkanalysator gesteuert und der Sollwert für die DC-Hochspannung vorgegeben. Weiterhin werden die Probentemperatur (über ein Multimeter Keithley 195 SYSTEM DMM) und die S-Parameter der mit dem VNWA aufgenommenen Messung eingelesen. Um die HF-Messung nicht zu beeinflussen, wird sie Probentemperatur nicht im Gehäuse des Bauteils selbst gemessen. Da die Bauteiltemperatur als homogen betrachtet werden kann, wird ein Pt-1000 Sensor in ein äußeres Bohrloch des Gehäuses gesteckt und ist somit vom Innenraum durch leitende Wände getrennt.

4.2.2 Gerader Leitungsresonator

Die Hochfrequenztechnik kennt eine Reihe von Verfahren zur Charakterisierung von dünnen Schichten. Zu den Resonanzmethoden zählen Leitungsresonatoren in ringförmiger und gerader Anordnung [42, 49], die Leiterelektroden auf dem zu vermessenden Material benötigen, oder auch Messungen in offenen Resonatoren [94]. Weitere Verfahren sind die direkte Messung der Streuparameter oder der Dämpfung einer elektrisch langen Leitung und die Impulsreflektometrie.

In dieser Arbeit wird die in einer Diplomarbeit [43] auf die Vermessung von Dickschichten angepasste Messmethode mit zwei geraden Leitungsresonatoren in Koplanarleitungstechnik verwendet, die im Folgenden beschrieben wird. Sie ermöglicht eine recht genaue Bestimmung der Permittivität und ein einfaches Anbringen der DC-Steuerspannung an das Material. Weiterhin lassen sich auch direkt die Leitungsparameter der CPW ($\epsilon_{r,eff}$, Z_L, α) bestimmen.

Der Aufbau eines geraden CPW-Resonators ist in Bild 4.4 gezeigt. Lässt man den Einfluss der Ankopplungen an den Enden außer acht, tritt genau dann eine Resonanz auf, wenn ein ganzzahliges Vielfaches der halben Wellenlänge auf der Leitung $\lambda/2$ auf der Länge L des inneren Leitungsstücks Platz findet. Aus der Resonanzbedingung lässt sich die effektive Permittivität berechnen zu

$$\epsilon_{r,eff}(f_{Rn}) = \left(\frac{nc_0}{2Lf_{Rn}}\right)^2, \tag{4.3}$$

wobei n die Anzahl halber Wellenlängen auf dem Resonator darstellt.

Aufgrund der in Bild 4.4 angedeuteten kapazitiven Ankopplung an den Enden des Resonators wird die Resonanzfrequenz verschoben. Dieser Effekt kann auch durch eine effektive Verlängerung $\Delta L(f)$ der Leitung an beiden Seiten beschrieben werden, die auf eine wirksame Resonatorlänge von $L_{eff} = L + 2\Delta L(f)$ führt. Das Messverfahren besteht in der Messung der Resonanzfrequenz zweier Resonatoren mit $L_2 \approx 2L_1$. Für die doppelte Anzahl halber Wellenlängen auf der Länge L_2 besitzt Resonator 2 dann etwa die gleiche Resonanzfrequenz wie Resonator 1 ($f_{Rn,1} \approx f_{Rn,2}$). Aus den Resonanzgleichungen

$$L_1 + 2\Delta L(f_{Rn,1}) = \frac{nc_0}{2f_{Rn,1}\sqrt{\epsilon_{r,eff}(f_{Rn,1})}}$$
$$L_2 + 2\Delta L(f_{Rn,2}) = \frac{nc_0}{2f_{Rn,2}\sqrt{\epsilon_{r,eff}(f_{Rn,2})}} \tag{4.4}$$

folgt unter Voraussetzung von $\Delta L(f_{Rn,1}) = \Delta L(f_{Rn,2})$ und $\epsilon_{r,eff}(f_{Rn,1}) = \epsilon_{r,eff}(f_{Rn,2})$ dann

$$\epsilon_{r,eff}(f_{Rn,1}) = \left[\frac{nc_0}{2(L_2 - L_1)} \cdot \frac{2f_{Rn,1} - f_{Rn,2}}{f_{Rn,1}f_{Rn,2}}\right]^2 \tag{4.5}$$

4.2. HOCHFREQUENZMESSTECHNIK

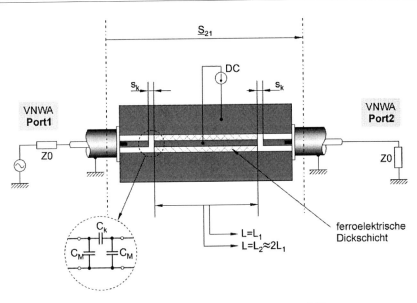

Bild 4.4: Messaufbau des geraden CPW-Resonators [43]

für die effektive Permittivität der Leitung, wobei hier n die Anzahl halber Wellenlängen auf dem Resonator 1 darstellt [49].

In [49] ist ein Zusammenhang zwischen der gemessenen Resonanzfrequenz und der Resonanzfrequenz des gleichen, verlustfreien Resonators über

$$f_{Rn}^{(m)} = f_{Rn}(1 - \frac{1}{2Q}) \qquad (4.6)$$

beschrieben. Dies ist in [20], S. 388 für einen Hohlraumresonator mit ohmschen Wandverlusten hergeleitet worden. Wendet man Gl. 4.6 zur Auswertung der Messungen an, erhält man gut übereinstimmende Ergebnisse mit der Simulation des Resonators.

Wie bereits in der Einleitung erwähnt stellen Arbeitsfrequenzen von 10 bis 13 GHz einen der unteren Anwendungsbereiche für ferroelektrische Phasenschieber für den TV-Direktempfang über DBS (Direct Broadcasting Satellites) dar [27]. Zur Umschaltung zwischen verschiedenen Satelliten (ASTRA, Hotbird, Eutelsat, etc.) sind momentan ausschließlich teure elektromechanische Systeme auf dem Markt. Weiterhin kann in diesem Frequenzbereich die Geometrie des Bauteils groß genug gehalten werden um später die gesamte Strukturierung (auch der Elektroden) vollständig im Siebdruckverfahren aufzubringen. Aus diesen Gründen wird für die in dieser Arbeit entwickelten Resonatoren als auch die Phasenschieber (Abschn. 8.1) dieser Frequenzbereich gewählt. Es werden folgende Anforderungen an die Resonatorpaare zur Materialvermessung gestellt:

- Eine der Resonanzfrequenzen f_{Rn} soll in einem Messbereich mit einer Mittenfrequenz von 10 bis 13 GHz variieren. Dies ist der angestrebte Arbeitsbereich des später entwickelten Phasenschiebers.

- Die Einfügungsdämpfung soll im Bereich -25 dB $\leq a_{21}(w_R) \leq$ -10 dB liegen. Diese Forderung stellt einen Kompromiss dar. Zum einen ist eine möglichst lose Ankopplung zur genauen Bestimmung von Q notwendig, zum anderen darf die Einfügungsdämpfung aber auch nicht zu klein sein, da sonst die Messkurven durch Rauschen, Einfluss von Kalibrationsfehlern und Übergänge der Koaxialleiter auf der CPW verfälscht werden.

- Die Längen der Resonatoren sind möglichst groß zu wählen, um unempfindlich gegenüber herstellungsbedingten Abweichungen von den Sollwerten zu sein. Eine technologische Grenze ist dabei durch eine Gesamtlänge der Schaltung von maximal 38 mm vorgegeben, für die am IEGI Fotomasken hergestellt werden können.

- Die Breite des Innenleiters muss ausreichend groß gewählt werden, um ihn mit einem Bonddraht zu kontaktieren und eine Steuerspannung anlegen zu können.

- Beide Resonatoren müssen zur Gültigkeit des 2-Resonatoren-Prinzips, das auf absoluter Gleichheit der Resonatoren basiert, im selben Druckvorgang auf demselben Substrat hergestellt werden.

Aufgrund der Niederfrequenzmessungen am IWE und der HF-Messungen am Institut für Hochfrequenztechnik, TU Darmstadt [123] wird von einer Permittivität der Dickschicht ϵ_2 zwischen 200 und 600 und einem Verlustfaktor von etwa 10 % ausgegangen. Mit 2 x 4 mm langen Anschlussleitungen kann die Länge L_2 des langen Resonators auf 30 mm festgelegt werden. Aus der Simulation eines Resonators mit willkürlich festgelegter Länge und einer Resonanz bei 10 GHz lässt sich eine effektive Leitungsverlängerung ΔL_{eff} von etwa 0,6 mm abschätzen, was für den kurzen Resonator auf eine Länge von $L_1 = (L_2 - 2\Delta L_{eff})/2 = 14{,}4$ mm führt. Berechnet man die Resonanzen des kurzen Resonators für einen Bereich von $\epsilon_2 = 200 - 600$ und der effektiven Permittivität aus quasi-statischer Analyse unter Annahme einer Schichtdicke von 6 μm, so folgt in Tab. 4.1 ein Messbereich, der die oben genannten Anforderung erfüllt, bei der Auswertung der 2. ($n = 3$) bzw. 3. Harmonischen ($n = 4$).

Tabelle 4.1: Resonanzfrequenzen des kurzen Resonators [43]

ϵ_2	$\epsilon_{r,eff}^{1)}$	f_{R2}	f_{R3}	f_{R4}
100	5,30	7,8	11,8	15,7
200	6,29	7,2	10,8	14,4
300	7,28	6,7	10,0	13,4
400	8,26	6,3	9,4	12,6
500	9,25	5,9	8,9	11,9
600	10,23	5,6	8,5	11,3

$n=2$ bis $\overline{4}$ mit $h_1 = 0{,}635$ mm; $h_2 = 6$ mm; $h_3 = 2{,}635$ mm; $h_4 = 3$ mm; $\epsilon_1 = 9{,}8$; $L_1 = 14{,}4$ mm; $\Delta L_{eff} = 0{,}6$ mm; Anmerkung 1): nach quasi-statischer Analyse (siehe auch Gl. 2.62)

Die geforderte Einfügungsdämpfung zwischen -25 dB und -10 dB lässt sich nun mit der noch frei wählbaren Koppelspaltbreite s_K erzielen. Durch Simulation mit HFSS (Agilent) wurde der Wert von $s_K = 0{,}2$ mm ermittelt, der die geforderte Einfügungsdämpfung erfüllt. Bild 4.5, rechts zeigt eine Aufnahme eines der hergestellten kurzen Resonatoren. Die Stelle, an welcher der hochinduktive Indiumdraht zum Anlegen der Steuerspannung am Mittelleiter angebracht wird, ist abhängig von

4.2. HOCHFREQUENZMESSTECHNIK

der zu messenden Resonanzfrequenz. Er ist bei einem Wellenknoten angebracht, um seinen Einfluss auf die Messung möglichst gering zu halten.

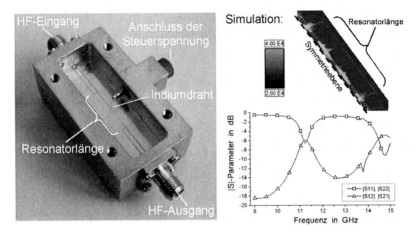

Bild 4.5: *Aufnahme eines CPW-Resonators (links) und Simulation der elektrischen Feldverteilung bei ca. 11,5 GHz und der S-Parameter (rechts). Zur Reduzierung des Simulationsaufwands wurde die Struktur entlang der Symmetrieebene in Ausbreitungsrichtung aufgeschnitten (siehe auch Abschn. 2.2.6). Die für die Simulation verwendeten Dickschichtparameter sind: Höhe $h_2 = 4\,\mu m$, Permittivität $\epsilon_2 = 244$ und Verluste $tan\delta_2 = 0,11$. Die Werte entsprechen denen der bei Raumtemperatur gemessenen BST60-Dickschicht (Bild 5.4).*

Gl. 4.5 setzt nahe beieinander liegenden Resonanzfrequenzen für beide Resonatoren voraus. Daher wurde in der Simulation die Länge L_2 verändert, bis bei $L_2 = 29,66$ mm nur noch ein Unterschied von etwa 35 MHz zu erkennen war.

4.2.3 Auswerteroutine des Leitungsresonators

Wie im Abschn. A.2 dargestellt existieren zwei Möglichkeiten die Resonanzfrequenz f_R und die Güte Q aus den Messergebnissen des Leitungsresonators zu gewinnen.
Die erste Möglichkeit besteht darin die Resonanzfrequenz f_R aus dem Maximalwert der gemessenen $|S_{21}|$- bzw. $|S_{12}|$-Parameter abzulesen. Die Güte Q_L des belasteten Resonators wird dann aus der Resonanzfrequenz f_R und den -3 dB-Frequenzpunkten f_u und f_o des Transmissionskoeffizienten $|S_{21}|$ nach [20], S. 345f bestimmt:

$$Q_L = \frac{\omega_R W_R}{P_{ges}} = \frac{f_{Rn}}{B_{3dB}} = \frac{f_{Rn}}{f_o - f_u} \quad (4.7)$$

Für die Berechnung der unbelasteten Güte Q aus der belasteten Güte Q_L gilt:

$$Q = \frac{Q_L}{1 - |\underline{S}_{21}|} \quad (4.8)$$

W_R: Mittlere im Resonator gespeicherte Feldenergie für $\omega = \omega_R$
P_{ges}: Mittlere Verlustwirkleistung im Resonator und in der äußeren Beschaltung für $\omega = \omega_R$
B_{3dB}: 3 dB Bandbreite

Die zweite Möglichkeit besteht in der Anpassung der gemessenen Transmissionparameterkurve $|\underline{S}_{21}| = g(\omega)$ an den funktionalen Zusammenhang aus Gl. A.39. Das zweite, auf den ersten Blick aufwendigere Vorgehen (Kurvenfitting), kann auch für stark verlustbehaftete Messungen angewandt werden, bei denen die Bestimmung der -3 dB-Werte aufgrund der Überlagerung der Resonanzkurve durch benachbarte Resonanzen nicht möglich ist und wird daher mehrheitlich in dieser Arbeit angewendet. Ein weiterer Grund für dessen Einsatz ist die Möglichkeit mit Hilfe des Programms Microcal Origin (Microcal Software, Inc.) das Curve-Fitting halbautomatisch durchzuführen. Dazu wird der funktionale Zusammenhang aus Gl. A.39

$$y = f(x) = \frac{4\beta_1\beta_2}{(1+\beta_1+\beta_2)^2 + Q^2(x/f_R - f_R/x)^2} \tag{4.9}$$

x: Frequenz f (laufender Parameter)
y: Betragsquadrat des Transmissionskoeffizienten $|S_{12}|^2$
β_1, β_2: Kopplungsfaktoren

verwendet. Dabei wird das betrachtete Frequenzintervall so gewählt, dass sich bei dessen Verkleinerung keine nennenswerten Veränderungen der Parameter ergeben. In Bild 4.6 sind die gefitteten Resonanzkurven sowie deren leistungmäßige Superposition für die Messung eines langen Resonators bei -10 °C dargestellt (b1$\equiv \beta_1$, b2$\equiv \beta_2$, fR$\equiv f_R$). Bei der Ermittlung der Güte spielt dabei der gezeigte Offset zur Messkurve keine Rolle.

Aus Gl. 4.5 können die effektive Permittivität $\epsilon_{r,eff}$ und damit auch die Leitungsparameter Z_L und v_{ph} berechnet werden. Die Gesamtdämpfung der Leitung ergibt sich mit $Q = 1/tan\delta_{eff}$ aus Gl. 2.65. Mit Hilfe der quasi-statischen Formeln aus Abschn. 2.2.4.2 und der physikalischen Abmessungen können nun die Materialparameter berechnet werden. Die Schichtdicken werden dabei aus REM-Aufnahmen des Querschnitts gebrochener Resonatoren bestimmt. Für den Beitrag der einzelnen Verlustmechanismen zu den Gesamtverlusten gilt

$$\frac{1}{Q} = p_1 tan\delta_1 + p_2 tan\delta_2 + tan\delta_\parallel + tan\delta_{Abstrahlung}, \tag{4.10}$$

wobei Abstrahlungsverluste unberücksichtigt bleiben ($tan\delta_{Abstrahlung} = 0$). Nachfolgend sind die nach der Permittivität ϵ_2 und des Verlusttangens $tan\delta_2$ des steuerbaren Mikrowellendielektrikums aufgelösten Formeln angegeben. Die Füllfaktoren q_1 und q_2 werden dabei nach Abschn. 2.2.4.2 berechnet.

$$\epsilon_2 = \epsilon_1 + \frac{\epsilon_{eff} - 1 - q_1(\epsilon_1 - 1)}{q_2} \tag{4.11}$$

$$tan\delta_2 = \frac{1}{p_2}\left[\frac{1}{Q} - p_1 tan\delta_1 - tan\delta_\parallel\right] \tag{4.12}$$

Für die Berechnung der Leiterverluste wird zusätzlich die Temperaturabhängigkeit der Leitfähigkeit bei der Berechnung der Skintiefe in Gl. 2.70 berücksichtigt. Für Gold werden Literaturwer-

4.3. BEWERTUNG DER MESSMETHODEN 61

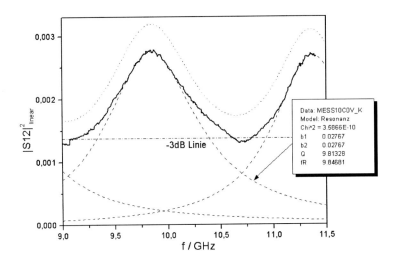

Bild 4.6: Extraktion der Parameter mittels Curve-Fitting: VNWA-Meßkurve (durchgehend), angefittete Resonanzkurven (gestrichelt) und superponierte Kurve (gepunktet); Parameter des Nonlinear-Curve-Fit (Microcal Origin) mit $f_{max} - f_{min} \approx 500\,MHz$ nach Gl. 4.9 [43]

te für die Leitfähigkeit $\sigma_{Au} = 36{,}337 \cdot 10^6\,S/m$ [49] und den Temperaturkoeffizienten $TK_{Au} = 3{,}8 \cdot 10^{-4}\,K^{-1}$ eingesetzt.

4.3 Bewertung der Messmethoden

In diesem Kapitel soll die Genauigkeit der angewandten Messmethoden untersucht werden. Dabei wird zwischen NF- und HF- Messtechnik unterschieden. Zur Charakterisierung der Materialparameter wurden diverse Annahmen zur Vereinfachungen der Berechnungen getroffen. Es soll gezeigt werden, dass die zur Berechnung der Parameter angewandten Vereinfachungen zulässig sind, indem Ergebnisse der analytischen Berechnungen mit Ergebnissen aus FEM - Simulationen verglichen werden. Zusätzlich wird eine Worst-Case-Analyse zur Ermittlung der Messgenauigkeit durchgeführt, welche die Einflüsse der herstellungsbedingten und der durch die Messung bedingten Fehler einschließt.

4.3.1 Bewertung der Niederfrequenz-Messtechnik

Die niederfrequenten Eigenschaften der untersuchten Materialsysteme basieren auf Messungen mit Plattenkondensator-Geometrie (s. Abschn. 2.2.1 und Bild 3.8) und im speziellen Fall bei Dickschichten auch auf IDC - Geometrie (s. Abschn. 2.2.2). Die Fehlerberechnung bei dichten Keramiken erfolgt durch FEM - Simulation. Für Fehlerberechnungen bei Dickschichten wird zunächst eine getrennte Fehleranalyse der Plattenkondensator- und der IDC-Methode durchgeführt, um sie anschließend zu vergleichen. Dabei wird zur besseren Vergleichbarkeit bei der Berechnung des theoretischen Fehlers von gleicher Permittivität und Schichtdicke und gleichen Verlusten ausgegangen.

4.3.1.1 Fehleranalyse: Plattenkondensatoren

Dichte Keramiken

Wie in Abschn. 2.2.1 erwähnt, müssen zur Berechnung der materialspezifischen Werte aus Messungen an Plattenkondensatoren bestimmte geometrische Voraussetzungen erfüllt sein, um den Fehler bei Nichtberücksichtigung der Randfelder vernachlässigen zu dürfen.

Die Bedingung in Gl.2.21 ist bei den in dieser Arbeit untersuchten Keramikplättchen mit r zwischen 3 mm und 4 mm und einer Dicke 0,5 mm $< d <$ 1 mm nicht gegeben. Daher wird eine Fehlerabschätzung der Formel 2.24 durchgeführt. Da, wie ebenfalls schon in Abschn. 2.2.1 erwähnt, keine bzw. unter gewissen Voraussetzungen nur sehr aufwendige analytische Verfahren existieren die eine geschlossene Berechnung der Permittivität aus der Kapazität eines Kondensators unter Einbeziehung der Randfelder ermöglichen, wurde das Finite-Elemente Simulationsprogramms Maxwell 2D, Ansoft Corporation, benutzt. Dabei wurden die in Bild 4.7 dargestellten Geometrieparameter für einen rotationssymmetrischen Plattenkondensator und die Permittivität ϵ_r variiert. Als Elektrodenmaterial wurde Gold mit einer Leitfähigkeit $\sigma_{Au} = 4{,}1 \cdot 10^7$ S/m ausgewählt.

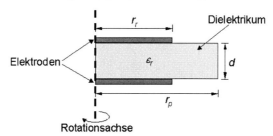

Bild 4.7: Schnitt durch die Hälfte eines rotationssymmetrischen Plattenkondensators

Mit Hilfe der simulierten im Kondensator gespeicherten Energie W und der vorgegebenen Spannung U kann aus der Simulation die Kapazität C_s des Kondensators aus der Gleichung

$$C_s = \frac{2W}{U^2} \qquad (4.13)$$

berechnet werden. Diese Kapazität C_s entspricht der gemessenen Kapazität eines Kondensators der Permittivität ϵ_r. Berechnet man mit Hilfe von Gleichung 2.22 aus C_s die Permittivität ϵ_{rs}, erhält man einen vom Wert der wahren Permittivität ϵ_r abweichenden und somit fehlerbehafteten Wert

$$\epsilon_{rs} = \frac{2Wd}{U\epsilon_0 \pi r_r^2}. \qquad (4.14)$$

Der relative Fehler $F_{r\epsilon}$ mit

$$F_{r\epsilon} = \left| \frac{\epsilon_r - \epsilon_{rs}}{\epsilon_r} \right| \qquad (4.15)$$

4.3. BEWERTUNG DER MESSMETHODEN

wurde für verschiedene Variationen der Parameter ϵ_r, r_r und r_p berechnet und ist in Tab. 4.2 dargestellt.

Tabelle 4.2: Ergebnisse des simulierten Kondensators. In der Tabelle ist ϵ_r der für die Simulation verwendete Permittivitätswert und ϵ_{rs} der aus den Simulationsergebnissen mit der Plattenkondensatorformel (Gl. 2.24) berechnete fehlerbehaftete Wert.

Nr.	r_r	r_p	d	ϵ_r	ϵ_{rs}	$F_{r\epsilon}$
1	3 mm	3 mm	1 mm	1000	1000,9	0,09%
2	3 mm	3 mm	1 mm	400	400,6	0,15%
3	3 mm	3 mm	1 mm	10	10,4	4%
4	3 mm	4,5 mm	1 mm	1000	1154	15%
5	3 mm	4,5 mm	1 mm	400	461	15%
6	3 mm	4,5 mm	1 mm	10	11,8	8%
7	2 mm	2 mm	1 mm	1000	1001,1	0,1%
8	2 mm	2 mm	1 mm	400	401,0	0,3%
9	0,5 mm	0,5 mm	0,3 mm	400	401,1	0,3%

Spannung $U = 1V$, Verluste des Dielektrikums $\tan\delta = 2\%$

Aus Tab. 4.2 ist zu ersehen, dass der Fehler bei der Vernachlässigung der Randfelder sehr stark von der Permittivität der zu untersuchenden Keramik abhängt. Schließt die Keramik mit den Elektroden bündig ab, ist der Fehler am kleinsten, wenn ϵ_r am größten ist, da fast die gesamte Energie im Dielektrikum des Kondensators gespeichert ist. Der Fehler durch die Streufelder bewirkt immer, dass die berechnete Permittivität ϵ_{rs} größer ist als der wirkliche Materialwert ϵ_r. Bei $r_p > r_r$ kann der Fehler bei hochpermittivem Material ($\epsilon = 1000$) bis zu 15 % Prozent betragen. Der Fehler wächst mit steigender Permittivität.

Bei den in dieser Arbeit untersuchten Keramiken mit $\epsilon_r > 400$ ist der Fehler durch Vernachlässigung der Randfelder kleiner 0,2 %, da darauf geachtet wurde, dass die Elektroden bündig mit der Keramik abschließen.

Die Simulation Nr. 9 in Tab. 4.2 wurde durchgeführt, um den Rechenfehler bei gemessenen Kristallproben zu beschreiben (Abschn. 5.2.2). Er liegt bei 0,3 % und ist somit vernachlässigbar gegenüber dem Fehler, der durch die schlechte Qualität der Elektrodierung entsteht (s. Abschn. 5.2.2).

Die Verluste $\tan\delta$ des Dielektrikums wurden zwischen 0,02 % und 2 % variiert. Die Änderung der Verluste hatte jedoch keinen Einfluss auf das Ergebnis und ist deshalb nicht in Tab. 4.2 aufgeführt.

Dickschichten

Bei den mit der Plattenkondensatorgeometrie vermessenen Dickschichten gilt im Gegensatz zu den dichten Keramiken die Bedingung aus Gl. 2.21, da selbst bei einer angenommenen großen Schichtdicke d von 10 μm die Quadratwurzel der Elektrodenfläche mit $\sqrt{A_{Dick}} = 3,46$ mm um mehr als das 300fache größer d ist. Fehlerquellen liegen bei dieser Methode bei den im Gegensatz zu dichten Keramiken schwer zu ermittelnden Geometrieparameter der Plattenkondensatoren. Die Genauigkeit der Methode wird in einer Worst-Case-Analyse ermittelt. Dazu werden die partiellen Ableitungen der berechneten Permittivität und der Verluste nach den fehlerbehafteten Größen gebildet. Die Summe der Beträge der partiellen Ableitungen multipliziert mit den Einzelfehlern ergibt den maximalen Gesamtfehler. Zur Berechnung des Gesamtfehlers wird nur der Einfluss der Fehler bei der Emittlung der Schichtdicke und der Elektrodenfläche sowie der elektrische Messfehler berücksichtigt.

Da die Dickschicht auf eine rauhe Platinschicht gedruckt wird, sind Variationen in der Schichtdicke über den ganzen Kondensator hin zu erkennen (siehe auch Bild 3.8). Bei nicht polierten Substraten vergrößert sich die Unregelmäßigkeit der Schichtdicke. Die aufgedruckte Goldschicht folgt beim Einbrennen der Unebenheit der Oberfläche der Dickschicht und kann sogar leicht in die Poren fließen. In diesem Fall verringert sich an manchen Stellen der Abstand von der unteren zur oberen Elektrode. Der Fehler, der durch diese Unregelmäßigkeiten entsteht, wird dadurch reduziert, dass der arithmetische Mittelwert aus an unterschiedlichen Stellen bestimmten Elektrodenabständen gebildet wird (Abschn. A.3). Daher ist die Annahme eines absoluten Fehlers von $0.25\,\mu$m bei der Bestimmung des Schichtdicke realistisch. Bei einer Schichtdicke $d_0 = 5\,\mu$m entspricht das einem relativen Fehler von 5 %.

Der Fehler bei der Bestimmung der Elektrodenfläche entsteht durch die Toleranz bei der Siebherstellung und zusätzlich durch das leichte Verlaufen der Paste während des Trocknungsvorgangs. Lichtmikroskop-Untersuchungen zeigen eine Vergrößerung der gewünschten Struktur um maximal 0,1 mm in eine Richtung. Daher wird bei den hier benutzten Elektrodenflächen von 3 x 4 mm^2 ein Fehler von 0,1 x 0,1 mm^2 angenommen, was in etwa einem Fehler von 6 % entspricht.

Der Messfehler bei der Bestimmung der Kapazität ist kleiner als 0,2 % und kann somit vernachlässigt werden. Die Größtfehlerabschätzung für ϵ_r kann damit durch folgende Gleichung beschrieben werden:

$$\Delta \epsilon_r = \left|\frac{\partial \epsilon_r}{\partial d}\right| \Delta d + \left|\frac{\partial \epsilon_r}{\partial A}\right| \Delta A \quad . \tag{4.16}$$

Dabei werden die Beträge der partiellen Ableitungen verwendet, um mögliche Kompensationseffekte der verschiedenen Einzelfehler zu vermeiden.

Die Fehlerrechnung wird beispielhaft für eine Dicke $d_0 = 5\,\mu$m, eine Fläche $A = 12\,\text{mm}^2$ und eine Kapazität von 10 nF (entspricht $\epsilon_r = 471$) durchgeführt. Diese Parameter liegen im Bereich der gemessenen Dickschichten.

$$\begin{aligned}
\Delta \epsilon_r &= \frac{94{,}2}{\mu\text{m}} \Delta d + \frac{39{,}2}{\text{mm}^2} \Delta A \\
&= \frac{94{,}2}{\mu\text{m}} \cdot 0{,}25\,\mu\text{m} + \frac{39{,}2}{\text{mm}^2} \cdot 0{,}72\,\text{mm}^2 \\
&= 23{,}6 + 28{,}2 = 51{,}8
\end{aligned} \tag{4.17}$$

Man erkennt, dass beide Fehlerquellen den Gesamtfehler ähnlich stark beeinflussen. Der Fehler bei der Berechnung der Kapazität liegt bei 11 %.

Bei der Charakterisierung der Verluste fließt nur der elektrische Messfehler in den Gesamtfehler ein. Im benutzten Messbereich bei gemessenem $\tan\delta = 1\,\%$ Verlust liegt der Messfehler bei beiden Messplätzen bei 10 % des Messwerts, also bei 0,1 %.

Dieser minimale Messfehler ist technisch nicht erreichbar, da der Wechsel von Kalibrierungsobjekten zu Probe im Messkopf und die Verschiebung der 1 m langen Zuführungskabel aus ihren Ursprungspositionen zwischen Messung und Kalibration den Verlustfaktor stark beeinflussen. Der Messfehler für die Verluste kann abhängig von der Größe des Verlustfaktors bis zu einer Größenordnung des Messwertes liegen und ist für hohe NF-Messfrequenzen (1 MHz) am größten.

4.3.1.2 Fehleranalyse: Interdigitalkondensator

Ähnlich wie bei der Fehleranalyse des Dickschicht-Plattenkondensators lässt sich der maximal auftretende Gesamtfehler bei der IDC-Struktur durch eine Worst-Case-Analyse berechnen. Eine solche Analyse wurde für IDC mit kleineren Elektrodenstrukturen schon in [113] durchgeführt und führte zu einem maximalen Gesamtfehler von 12 % für die effektive Permittivität ϵ_2 der Dickschicht und von 25 % für deren Verluste $\tan\delta_2$. Wegen der am IWE zu den in [113] verwendeten unterschiedlichen Abmessungen der IDC-Strukturen und der anderen Messgeräte wird diese Fehlerrechnung für die am IWE vermessenen Dickschichten hier dennoch durchgeführt.

Zur Berechnung des Gesamtfehlers wird nur der Einfluß der wesentlichen Fehlerquellen berücksichtigt. Um den Fehler mit demjenigen aus dem vorherigen Abschn. 4.3.1.1 vergleichen zu können, wird eine Kapazität von $C = 115{,}8\,\text{pF}$ angenommen, die bei der selben wie in Abschn. 4.3.1.1 angenommenen Permittivität $\epsilon_2 = 471$ und Schichtdicke $d_0 = h_2 = 5\,\mu\text{m}$ zu messen ist. Der Messfehler bei Kapazitäten dieser Größenordnung liegt ebenfalls bei Werten $<0{,}1\,\%$, daher wird ein $\Delta C = 0{,}116\,\text{pF}$ angenommen. Zu beachten ist, dass bei gemessenen Kapazitäten zwischen 10 pF und 1 nF der Messfehler bei der Bestimmung der Verluste beim Kryostatmessplatz bei nur 0,3 % liegt. Somit ist die Genauigkeit bei der Bestimmung der IDC-Verluste beim Kryostatmessplatz wesentlich höher als beim Stickstoffmessplatz.

Die Permittivität des Al_2O_3 - Substrats fließt bei den IDC - Messungen ebenfalls in die Auswertung mit ein. Je nach Hersteller und Reinheit des Materials kann die Permittivität zwischen 9,8 und 10,1 schwanken. Obwohl in dieser Arbeit für IDCs nur 99,6 % reine Substrate der Firma CeramTec verwendet werden, soll hier trotzdem für spätere Arbeiten der Einfluss des Substrats auf den Messwert mit in die Rechnung mit einbezogen werden. Es wird daher ein Fehler von $\Delta\epsilon_1 = 0{,}2$ angenommen.

Bei der Herstellung nach dem in Abschn. 3.5.3 beschriebenen fotolithografischen Prozeß kommt es zu Verzerrungen der transversalen Abmessungen der Leiterstrukturen. Daher wird ein Einzelfehler von $\Delta L = 10\,\mu\text{m}$ für die Fingerlänge angenommen. Für die halbe Fingerbreite s und die halbe Spaltbreite w wird ein herstellungsbedingter Fehler von 5 μm angenommen, der Fehler durch Verzerrungen wird vernachlässigt. Aufgrund der mit dem Plattenkondensator nicht vergleichbaren Geometrie des IDC treffen die Bedingungen aus Abschn. A.3 hier nicht zu. Trotzdem wird die durch Rasterelektronemikroskopie bestimmte Schichtdicke wie in Abschn. 4.3.1.1 als $\Delta h_2 = 0{,}25\,\mu\text{m}$ angenommen, da im Fall des IDC die Variation der Schichtdicke durch den Wegfall der unregelmäßigen Elektrode zwischen Substrat und Dickschicht stark reduziert wird. Trotz großer Abweichungen der Substratdicke vom Mittelwert von 635 μm durch Herstellung oder Polieren hat diese keinen nennenswerten Einfluss auf die Messergebnisse, da die Eindringtiefe des elektrischen Feldes bei niederen Frequenzen nur gering ist. Die angenommenen Einzelfehler für die Worst-Case-Analyse der Materialcharakterisierung mit der IDC-Methode sind in Tab. 4.3 aufgelistet.

Tabelle 4.3: Angenommene Einzelfehler für die Worst-Case-Analyse der Materialcharakterisierung mit der IDC-Methode

$\Delta C = 0{,}116\,\text{pF}$	$\Delta\epsilon_1 = 0{,}2$	$\Delta L = 10\,\mu\text{m}$
$\Delta w = 5\,\mu\text{m}$	$\Delta s = 5\,\mu\text{m}$	$\Delta h_2 = 0{,}25\,\mu\text{m}$

In Tabelle 4.4 und 4.5 werden die in Abschn. A.4 berechneten Anteile der Einzelfehlerquellen am Gesamtfehler aufgeführt. Man erkennt, daß die Hauptfehlerquellen für die Bestimmung der effektiven Permittivität der Dickschicht ϵ_2 die Einzelfehler der Schichthöhe h_2 und der Spaltbreite sind. Bei der Untersuchung der Hauptfehlerquellen bei der Bestimmung der Dickschichtverluste muss wie im vorigen Kapitel zwischen den zwei am IWE verwendeten Messplätzen unterschieden werden. Bei Messungen im Stickstoffmessplatz ist der Fehler des Messwertes für $tan\delta_{eff}$ bestimmend, im Kryostatmessplatz ist dieser Fehler unbedeutend klein, und die Messfehler von Δw und Δs sind bestimmend.

Tabelle 4.4: Anteil der Einzelfehler am Gesamtfehler für ϵ_2

	ΔC	$\Delta \epsilon_1$	ΔL	Δw	Δs	Δh_2
$\Delta \epsilon_2$	1,1 %	3,1 %	1,1 %	44,9 %	7,6 %	42,1 %

Tabelle 4.5: Anteil der Einzelfehler am Gesamtfehler für $tan\delta_2$

	$\Delta \epsilon_1$	Δw	Δs	$\Delta \tan \delta_{eff}$
$\Delta \tan \delta_{2,KMP}$	3,9 %	5,2 %	9,1 %	77,8 %
$\Delta \tan \delta_{2,SMP}$	17,6 %	23,5 %	41,2 %	-

Der Gesamtfehler bei der Bestimmung der effektiven Permittivität ϵ_2 der Dickschicht liegt bei 10,5 %, was in etwa dem Wert in [113] entspricht, wobei zusätzlich zu dem hierin genannten einzigen Hauptfehler durch die Schichtdicke ein weiterer durch die Spaltbreite hinzukommt. Der Gesamtfehler bei der Bestimmung der Dickschichtverluste $tan\delta_2$ beträgt beim Kryostatmessplatz 8 % und beim Stickstoffmessplatz 2 %. Er liegt somit 12 % bis 18 % unter dem in [113] aufgeführten Wert. Dieser Unterschied stammt daher, dass in dieser Arbeit bei der Fehlerrechnung von $\Delta tan\delta_2$ der Wert ϵ_2 nicht wie in [113] als zusätzlicher Eingangswert mit in die Fehlerrechnung einbezogen wird, da er bereits ein Zwischenergebnis der Rechnung ist. Weiterhin ist die Messgenauigkeit der in dieser Arbeit verwendeten Messgeräte höher. Der hohe Einfluss der Spaltbreite auf den Gesamtfehler, sowohl bei der effektiven Permittivität als auch bei den Verlusten, könnte durch genauere Lithografietechnologie verrringert werden.

Aus den selben Gründen wie bei der Fehleranalyse des Plattenkondensators kann der reale Messfehler für die Verluste vom theoretischen abweichen und, abhängig von der Größe des Verlustfaktors, bis in die Größenordnung des Messwertes kommen. Weiterhin wird in der Worst-Case-Fehlerabschätzung für den IDC der Fehler durch die quasistatischen und Quasi-TEM-Approximationen nicht berücksichtigt.

4.3.1.3 Vergleich Plattenkondensator - Interdigitalkondensator

Der Fehler bei der Bestimmung der Kapazität liegt bei beiden Messmethoden mit 11 % und 10,5 % bei vergleichbaren Werten, ähnlich wie der Fehler bei der Bestimmung der Verluste. Obwohl bei der Bestimmung der Verluste mit der Plattenkondensatorgeometrie keine Einflüsse durch fehlerbehaftete Geometrieparameter in den Messwert eingehen, ist der Fehler aufgrund der geringeren

4.3. BEWERTUNG DER MESSMETHODEN

Auflösung der Messgeräte in diesem Messbereich größer. Die IDC-Geometrie liefert somit genauere Ergebnisse bei der Bestimmung der Verluste.

Diese Ergebnisse aus der Worst-Case-Analyse sollen durch den Vergleich der Messergebnisse von Plattenkondensator und IDC verifiziert werden, die mit derselben BST60 Paste hergestellt werden (Bild 4.8).

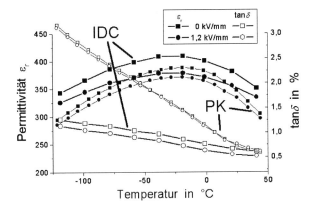

Bild 4.8: Vergleich der Messkurven eines im Kryostatmessplatz gemessenen BST60-Plattenkondensators (PK) mit denen eines im Stickstoffmessplatz gemessenen Interdigitalkondensators (IDC) (100 kHz)

Der Permittivitätsverlauf des im Kryostatmessplatz gemessenen Plattenkondensators und der des im Stickstoffmessplatz gemessenen Interdigitalkondensators zeigen eine gute Übereinstimmung und liegen innerhalb der 10 % Fehlergrenze. Die Verluste hingegen divergieren in Richtung niedriger Temperaturen. Die Erklärung für diesen Effekt liegt nicht in der Benutzung unterschiedlicher Messplätze, da der zum Vergleich im Stickstoffmessplatz vermessene Plattenkondensator die selben Verluste aufwies wie im Kryostatmessplatz. Der Unterschied kann auf der unterschiedlichen Herstellung der Proben basieren. Zum einen wird bei der Plattenkondensatorherstellung die BST-Schicht ein zusätzliches Mal auf 900 °C erwärmt, was zu Veränderungen in der Mikrostruktur führen kann, und zusätzlich kann das Gold der Elektrode in die Schicht eindiffundieren. Zum anderen liegt beim IDC ein direkter Kontakt der Dickschicht mit dem Substrat vor, was zu einer Zwischenschicht oder einer Dotierung der Dickschicht führen könnte, die zwar auf REM-Aufnahmen nicht erkennbar ist, aber aufgrund der Ergebnisse der Messungen mit dem XRD wahrscheinlich ist. Eine Zwischenschicht oder Dotierung könnte die elektrischen Verlusteigenschaften des IDC beinflussen. Der genaue Ursprung für die Divergenz der Messwerte für die Verluste konnte in dieser Arbeit jedoch nicht ermittelt werden und muss noch weiter untersucht werden.

Da die Herstellungsmethode der IDCs derjenigen der in dieser Arbeit verwendeten HF-Bauteile stark gleicht, und sich zusätzlich die Feldverläufe der IDCs und CPWs ähneln, werden vorwiegend IDCs für die Untersuchungen der dielektrischen Eigenschaft der Dickschichten bei Niederfrequenz verwendet.

4.3.2 Bewertung der Hochfrequenz-Messtechnik

Die Umrechnung der gemessenen Systemgrößen der Resonatoren in die Materialparameter der Dickschicht basiert auf der in Abschn. A.1.1 beschriebenen quasi-statischen Methode. Nach [33] ist deren Genauigkeit für sinnvolle Abmessungen der CPW auf zweischichtigem Substrat bis 20 GHz mit der Genauigkeit numerischer Feldanalysen vergleichbar. In [113] wurden Leitungsgrößen für einen vergleichbaren Querschnitt der CPW mittels quasi-statischer Rechnung und numerischer Feldberechnung ermittelt. Der Vergleich ergab eine gute Übereinstimmung der Resultate im Frequenzbereich von 10 GHz bis 50 GHz.

Die Resonanzmessmethode mit zwei geraden Leitungsresonatoren ist eine etablierte Methode zur Messung der effektiven Permittivität eines planaren Wellenleiters [42, 49], eignet sich aber auch zur Vermessung von Substratmaterialien mit niedrigen Verlusten [39, 66]. Durch die hohen dielektrischen Verluste der Dickschicht und die herstellungstechnisch bedingten hohen Leiterverluste besteht die Problematik in der hohen Transmissiondämpfung und der geringen Güte der Resonatoren. Um nicht zu niedrige Pegel der Transmission zu erhalten, die durch Rauschen und Übersprechen zwischen den Messanschlüssen verfälscht werden, muss die Ankopplung an den Resonator verbessert werden. Dies verändert die Resonanzfrequenz und die Güte des Resonators und wurde in den Berechnungen durch vereinfachte Ersatzschaltbilder und Annahmen in Abschn. 4.2.3 berücksichtigt. Die daraus hergeleiteten Zusammenhänge (Gl. 4.6, Gl. A.41) besitzen aber aufgrund der in Abschn. 4.2.3 getroffenen Vereinfachungen nur eingeschränkte Gültigkeit.

Ein weiterer Nachteil der Methode besteht in der vorausgesetzten Gleichheit der beiden Resonatoren in Bezug auf die Schichtdicken und Materialparameter des zweischichtigen Substrats. Ungleichheiten in den Schichtdicken wirken sich somit a priori als Messfehler aus. Ungleiche Messbedingungen, vor allem Abweichungen vom Sollwert der Temperatur, wirken sich aufgrund der Temperaturabhängigkeit der Permittivität der Dickschichten ebenfalls als Messfehler aus. Da beide Resonatoren nacheinander vermessen werden, muß daher auf eine strikte Einhaltung der Umgebungsparameter (Temperatur, Feuchtigkeit, gleiche Kalibrierung des VNWA) geachtet werden.

Fehleranalyse: Koplanarleitungsresonatoren

In [43] wurde die Genauigkeit der 2-Resonatoren-Methode wie im Fall der IDC über eine Worst-Case Abschätzung ermittelt. Zur Berechnung des Gesamtfehlers wurde nur der Einfluß der wesentlichen Fehlerquellen berücksichtigt. Dabei wurden die Messwerte von BST60-Resonatoren bei 10°C bei 10 Ghz aus [43] verwendet ($\epsilon_{r,eff} = 8{,}06$, $Q = 11{,}9$, $\epsilon_2 = 284$, $tan\delta_2 = 0{,}18$ und $h_2 = 8\,\mu m$). Wie beim IDC wird in der Worst-Case-Fehlerabschätzung für den CPW der Fehler durch die quasistatischen und Quasi-TEM-Approximationen nicht berücksichtigt.

Die angenommenen Einzelfehler sind in Tab. 4.6 aufgelistet. Es wurde von einer Ablesegenauigkeit von ±6 MHz für die Resonanzfrequenz $f_R^{(m)}$ und die -3dB-Werte ($f_u^{(m)}$, $f_o^{(m)}$) ausgegangen, die der Frequenzauflösung der Messungen über 2,4 GHz und 401 Frequenzpunkten entspricht. Für die Einzelfehler gilt dann $f_{R,1/2}^{(m)} = 12\,\text{MHz}$ für die Resonanzfrequenz und $\Delta B_{1/2}^{(m)} = 24\,\text{MHz}$ für die Bandbreite der beiden Resonatoren. Bei der Herstellung nach dem in Abschn. 3.5.3 beschriebenen fotolithografischen Prozess kommt es zu Verzerrungen der transversalen Abmessungen der Leiterstrukturen. Da die Abmessungen der CPW-Struktur der Resonatoren groß gegenüber den herstellungsbedingten Fehlern sind, kann dieser Fehlereinfluß vernachlässigt werden. Allerdings wurde ein Einzelfehler für die Länge der Resonatoren angenommen, der durch Verzerrung bei der

4.3. BEWERTUNG DER MESSMETHODEN

Maskenherstellung zustande kommt. Da die beiden Längen der Resonatoren durch die Herstellung mit derselben Maske abhängig voneinander sind, wurde ein Einzelfehler für die Längendifferenz in Gl. 4.5 von $\Delta(L_2-L_1) = 50\,\mu\text{m}$ angenommen. Für die Bestimmung der Schichtdicke der Dickschicht aus den REM-Aufnahmen wurde ein relativer Fehler von 5% angenommen, der für $h_2 = 8\,\mu\text{m}$ auf $\Delta h_2 = 0{,}4\,\mu\text{m}$ führt. Aus den in Abschn. 4.3.1.2 beschriebenen Gründen wurde für die Permittivität ϵ_1 des Substrats ein Fehler von $\Delta\epsilon_1 = 0{,}2$ angenommen. Die Variation der Substratdicke (z.B. durch das Polieren) hat in der Fehlerrechnung keinen nennenswerten Einfluß. Der Fehler in der Bestimmung der Leiterverluste ist, wie bereits diskutiert, schwer abzuschätzen. Aus [102] ist ein maximaler Fehler von 8% bei der quasi-statischen Berechnung der Leiterverluste einer Microstrip angegeben. Grafisch kann dort die Erhöhung der Verluste durch die Rauhigkeit der Leiterflächen auf der Dickschicht kleiner 10% abgeschätzt werden. Daher wurde der relative Fehler für R_S zu 15% angenommen. Mit $R_S = 35\,\text{m}\Omega$ für einen ausgeprägten Skineffekt in Gold resultiert ein Einzelfehler von $\Delta R_S = 5{,}3\,\text{m}\Omega$.

Tabelle 4.6: Angenommene Einzelfehler für die Worst-Case-Fehlerabschätzung der Materialcharakterisierung mit der 2-Resonatoren-Methode

$\Delta f_{R,1/2}^{(m)} = 12\,\text{MHz}$	$\Delta B_{1/2}^{(m)} = 24\,\text{MHz}$	$\Delta(L_2 - L_1) = 50\,\mu\text{m}$	
$\Delta h_2 = 0{,}4\,\mu\text{m}$	$\Delta\epsilon_1 = 0{,}2$	$\Delta R_S = 5{,}3\,\text{m}\Omega$	

In Tab. 4.7 bis 4.9 werden die Anteile der in Abschn. A.5 berechneten Einzelfehler am Gesamtfehler aufgeführt.

Tabelle 4.7: Anteil der Einzelfehler am Gesamtfehler für die Leitungsparameter $\epsilon_{r,eff}$ und Q

	$\Delta f_{R,1}^{(m)}$	ΔB_1	$\Delta f_{R,2}^{(m)}$	ΔB_2	$\Delta(L_2 - L_1)$
$\Delta\epsilon_{r,eff}$	5,8%	5,7%	11,5%	12,0%	65,0%
ΔQ	4,9%	95,1%	-	-	-

Tabelle 4.8: Anteil der Einzelfehler am Gesamtfehler für den Materialparameter ϵ_2

	$\Delta\epsilon_{r,eff}$	$\Delta\epsilon_1$	$\Delta q_2/\Delta h_2$
$\Delta\epsilon_2$	56,2%	13,4%	30,4%

Tabelle 4.9: Anteil der Einzelfehler am Gesamtfehler für den Materialparameter $\tan\delta_2$

	$\Delta\epsilon_2$	$\Delta\epsilon_1$	$\Delta q_2/\Delta h_2$	ΔQ	ΔR_S
$\Delta\tan\delta_2$	65,3%	2,9%	19,8%	9,1%	2,8%

Man erkennt, dass die Hauptfehlerquelle für die Bestimmung der effektiven Permittivität $\epsilon_{r,eff}$ der Leitung die Unsicherheit über die Länge der Resonatoren ist (Tab. 4.7). Für die unbelastete Güte Q ist es, wie zu erwarten, der Ablesefehler der gemessenen Bandbreite.

Der Gesamtfehler der Permittivität der Dickschicht (Tab. 4.8) setzt sich zu gleichen Teilen aus dem Fehler der effektiven Permittivität und dem Fehler bei der Bestimmung der Schichtdicke zusammen. Der Gesamtfehler des Verlustfaktors der Dickschicht wird hingegen durch die Fortpflanzung des Fehlers von ϵ_2 und dem Fehler bei der Bestimmung der Schichtdicke bestimmt (Tab. 4.9). Der Fehler in $\Delta\epsilon_2$ ist die Hauptfehlerquelle bei der Bestimmung des Verlustfaktors der Dickschicht $\tan\delta_2$. Er hängt vorwiegend von den geometrischen Abmessungen wie Resonatorlänge und Schichtdicke ab. Für genaue Messergebnisse ist eine möglichst genaue Bestimmung der geometrischen Abmessungen von großer Bedeutung.

Zur abschließenden Beurteilung der 2-Resonatoren-Methode kann ein relativer Gesamtfehler von 16 % bei der Bestimmung der Permittivität ϵ_2 und von 25 % bei der Bestimmung des Verlustfaktors $\tan\delta_2$ angegeben werden. Trotz der Unsicherheiten bei der Extraktion der absoluten Werte für ϵ_2 und $\tan\delta_2$ darf jedoch nicht vergessen werden, dass systematische Fehler bei der Bestimmung der Geometrieparameter den größten Anteil im Gesamtfehler der Worst-Case-Analyse ausmachen. Relative Änderungen in den dielektrischen Materialparametern können mit einer wesentlich höheren Genauigkeit erfasst werden und ermöglichen so einen aussagekräftigen Vergleich der bei verschiedenen Materialien mit der 2-Resonator-Methode gewonnenen Ergebnisse.

Kapitel 5

Experimentelle Ergebnisse

In diesem Abschnitt werden die Ergebnisse der Nieder- und Hochfrequenzmessungen an den zwei Materialsystemen BST60 und ATN vorgestellt. Zum besseren Verständnis der elektrischen Eigenschaften der untersuchten Materialien sollen zunächst die dielektrischen Eigenschaften massiver Kermiken gemessen werden. Da diese Keramiken rein aus dem zu untersuchenden Material bestehen, sind Einflüsse durch mechanische Spannungen oder Mischphasen an den Übergangen zum Substrat ausgeschlossen. Durch diese Messungen können erste Aussagen über die Steuerbarkeit und Verluste des reinen Materialsystems getroffen werden.

Im folgenden Schritt werden dann aus den Materialzusammensetzungen, bei denen die gewünschten dielektrischen Eigenschaften bei Raumtemperatur zu finden sind, die für die Mikrowellenanwendung gewünschten Dickschichten auf Al_2O_3-Substraten hergestellt und charakterisiert. Diese werden dann im NF- und im anwendungsrelevanten HF-Bereich auf ihre dielektrischen Eigenschaften untersucht werden. Anhand der elektrischen Charakterisierung der Dickschichten soll die Auswirkung der unterschiedlichen Mikrostruktur der Keramik und der Dickschicht, wie z.B. Korngröße und Porosität, auf Temperaturabhängigkeit und Frequenzabhängigkeit der dielektrischen Eigenschaften untersucht werden. Diese Untersuchungen sollen über die Parameter Auskunft geben, die zur Optimierung der gewünschten Eigenschaften der Dickschichten beitragen.

Zur Charakterisierung der Dickschichten im NF-Bereich werden, die Charakterisierung der Frequenzabhängigkeit von BST60 Dickschichten ausgenommen, IDC-Strukturen verwendet. Für die HF-Messungen bis 15 GHz wird die Methode der geraden Leitungsresonatoren angewandt. Die Charakterisierung der Dickschichten bei Frequenzen von 30 GHz und 90 GHz wurde am Institut für Materialforschung IMF I, Forschungszentrum Karlsruhe, durchgeführt. Dabei wurde die Methode der offenen Resonatoren verwendet, bei der die zu untersuchende Dickschicht auf dem Substrat in den Brennpunkt eines sphärischen Spiegels plaziert wird [94]. Die dadurch verschobene Resonanzfrequenz des Aufbaus ergibt Auskunft über die dielektrischen Eigenschaften der Probe, aus der dann die Eigenschaften der Dickschicht berechnet werden können. Bei dieser Messmethode hat die Schichtdicke des Substrats einen sehr großen Einfluss auf das Messergebnis. Da die bislang verwendeten Substrate eine leichte Wölbung und somit nach dem einseitigen Polieren eine Varianz von bis zu 50 μm in der Schichtdicke aufweisen, können die Messungen mit einem Fehler von bis zu 30 % belastet sein. Ein beidseitiges Polieren der Substrate kann diesem Problem Abhilfe schaffen. Diese Möglichkeit war durch einen am IWE entwickelten Substrathalter erst gegen Ende dieser Arbeit gegeben und konnte daher hier noch nicht verwendet werden.

5.1 Dielektrische Eigenschaften von $Ba_{0,6}Sr_{0,4}TiO_3$

5.1.1 Niederfrequenzeigenschaften dichter und poröser $Ba_{0,6}Sr_{0,4}TiO_3$-Keramiken

Bild 5.1 a) zeigt den Verlauf der Permittivität von BST60 in Abhängigkeit der Temperatur und des angelegten Feldes. Die oberen zwei der drei in Bild 2.3 für einen $BaTiO_3$-Einkristall gezeigten Phasenübergänge (kubisch-tetragonal hier bei 5 °C, tetragonal-orthorhombisch hier bei -50 °C) sind im Permittivitätsverlauf gut erkennbar. Der dritte Phasenübergang (orthorhombisch-rhomboedrisch hier bei -90 °C) ist anhand des Permittivitätsverlaufes nur schlecht sichtbar, ist aber in Bild 5.1 b) durch einen Sprung im Verlauf der feldabhängigen Verluste gut zu erkennen.

Durch ein extern angelegtes elektrisches Feld kann die Permittivität stark herabgesenkt werden. Am Punkt der maximalen Permittivität beträgt die Steuerbarkeit 67 % bei 0,77 kV/mm. Durch das angelegte Feld sinkt die Temperaturabhängigkeit der Permittivität.

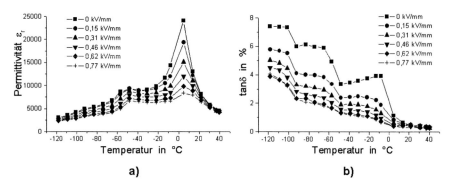

Bild 5.1: *Temperaturabhängigkeit a) der Permittivität und b) der Verluste dichter BST60-Keramik bei 1 kHz, KMP*

Der Verlauf der Verluste (Bild 5.1 b)) in Abhängigkeit der Temperatur zeigt ein Absinken der Verluste mit steigender Feldstärke. Betrachtet man z.B. die Verluste bei 5 °C, der Temperatur mit der maximalen Permittivität, findet man ein Absinken der Verluste um über 60 % bei 0,77 kV/mm, von 1,1 % auf 0,4 %. Die NF-Messungen lassen erwarten, dass der geeignete Betriebsbereich in der paraelektrischen Phase liegt, da bei einer technischen Anwendung des Materials nicht nur hohe Steuerbarkeit, sondern auch niedrige Verluste benötigt werden.

Um Keramiken mit einer mit Dickschichten vergleichbaren Mikrostruktur herzustellen, wurde der in Abschn. 3.3 beschriebene Schritt der isostatischen Verdichtung bei der Herstellung übersprungen. Somit konnten Keramiken mit ca. 15 % Porosität hergestellt werden, die in Abschn. 6.2 mit den Dickschichten verglichen werden. Durch die erhöhte Porosität wird die Permittivität (Bild 5.2) stark verringert [4]. Der im Vergleich zur dichten Keramik wesentlich diffusere Phasenübergang am Curie-Punkt hat sein Maximum bei -10 °C und somit um etwa 15 °C zu niederen Temperaturen hin verschoben. Weiterhin zeigen die Verluste unterhalb von 0 °C ein fast lineares Verhalten und sind geringer als diejenigen der dichten Keramik.

5.1 DIELEKTRISCHE EIGENSCHAFTEN VON $Ba_{0,6}Sr_{0,4}TiO_3$

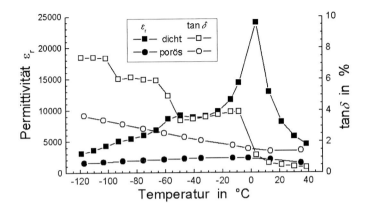

Bild 5.2: Permittivität und Verluste von dichter und poröser $Ba_{0,6}Sr_{0,4}TiO_3$-Keramik in Abhängigkeit der Temperatur bei 1 kHz, KMP [123]. Die unterbrochene Gerade deutet das Maximum der Permittivität der porösen Keramik an.
Materialeigenschaften:
- dichte Keramik: mittlere Korngröße 25 μm, Porosität < 2 %
- poröse Keramik: mittlere Korngröße 0,7 μm, Porosität 15 %

Der Grund für die Verschiebung des Permittivitätsmaximums liegt im sogenannten Korngrößeneffekt („size-effect"). Entsprechend der Landau-Theorie existiert eine kritische Korngröße, an der die Ferroelektrizität unterdrückt wird und keine spontane Polarisation mehr vorhanden ist [122]. Berechnungen des theoretischen Verlaufs der Permittivität unter Zuhilfenahme der Landau-Theorie zeigen ein Maximum der Permittivität an diesem Punkt [112]. Dieser ist abhängig von der Geometrie (kugelförmige Körner, zylindrische Körner oder dünne Schicht) und der Temperatur und liegt bei einer kritischen Korngröße bzw. Schichtdicke zwischen 0,1 und 0,3 μm.

Der Korngrößeneffekt wurde in [5, 9, 60, 71, 87] bei BTO näher untersucht. Die in den Veröffentlichungen beschriebenen Messungen zeigen bis zu Korngrößen zwischen 0,5 und 1 μm einen Anstieg der Permittivität der unteren zwei Phasenübergänge (rhomboedrisch-orthorhombisch, orthorhombisch-tetragonal), und bei einer weiteren Verkleinerung der Korngröße ein Abfallen der Permittivität. Die Ursache für die leichten Abweichungen der Werte der kritischen Korngröße (0,5 bis 1 μm) in den verschiedenen Veröffentlichungen kann an den unterschiedlichen Herstellungsmethoden liegen, die dann zu unterschiedlichen internen oder durch Klemmungen externen Spannungen im Korn führen.

Zusätzlich zu dem Anstieg der Permittivität zeigt sich, bei Verringerung der Korngröße von BTO-Keramik bis zu etwa 1 μm, eine Verschiebung der beiden unteren Phasenübergänge zu höheren Temperaturen [60]. Gleichzeitig ist eine Verschiebung des Curiepunktes T_C (oberer Phasenübergang, tetragonal-kubisch) zu niederen Temperaturen hin zu erkennen [60, 87]. Diese Annäherung der Phasenübergänge aneinander und die relativ zu den Permittivitätswerten der unteren Phasenübergänge gemessene Verkleinerung des Permittivitätswertes bei T_C bewirkt einen flacheren Kurvenverlauf der Permittivität und die Verschiebung dessen Maximums zu niederen Temperaturen hin. Auf den Einfluss der Porosität auf die dielektrischen Eigenschaften wird in Abschn. 6.2 genauer eingegangen.

5.1.2 Elektrische Charakterisierung poröser $Ba_{0,6}Sr_{0,4}TiO_3$-Dickschichten

BST60-Dickschichten weisen im Vergleich zu der in Bild 5.2 dargestellten porösen Keramik eine geringere Permittivität und geringere Verluste auf. Der Verlauf der Kurven ist ähnlich, wobei jedoch das Maximum der Permittivitätskurve eine leichte Verschiebung um etwa -30 °C zu niederen Temperaturen hin erfährt (siehe auch „Korngrößeneffekt", Abschn. 5.1.1). Die maximale Steuerbarkeit bei 1,2 kV/mm liegt bei etwa 7 % und damit im Bereich der porösen Keramik. Bei 50 °C ist der Wert der Steuerbarkeit nur noch halb so groß wie der Maximalwert.

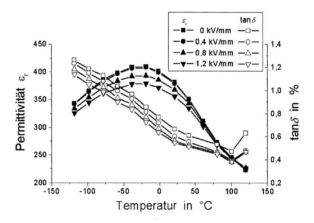

Bild 5.3: *Niederfrequenzeigenschaften einer BST60-Dickschicht (100 kHz, SMP)*

Bei 11,5 GHz weisen Permittivität und Verluste (Bild 5.4) einen ähnlichen Verlauf auf wie die Niederfrequenzergebnisse. Die Werte für die Permittivität sind jedoch nur halb so groß, während diejenigen der Verluste um mehr als einen Faktor 10 höher liegen. Die bei NF vorhandene maximale Steuerbarkeit von 7 % bleibt erhalten.

Damit weist die BST60-Dickschicht mit Steuerbarkeitswerten von 6 bis 7 % im Frequenzbereich von 100 kHz bis 11,5 GHz bei RT und einem maximal angelegtem elektrischen Feld von 1,4 kV/mm die doppelte der in [120] bei 1 MHz gemessenen Steuerbarkeit der entsprechenden Dünnschicht auf. Die Verluste der Dickschicht sind jedoch bei 1 MHz fast 20 mal so groß wie diejenigen der Dünnschicht.

Betrachtet man die Frequenzabhängigkeit der BST60-Dickschichten bei Raumtemperatur (Bild 5.5), so lässt sich dieses Verhalten auf den Beginn einer Relaxation zurückführen, die im Bereich der Relaxationen von Orientierungspolarisationen liegt. Das Maximum der Verluste liegt bei Frequenzen

5.2 DIELEKTRISCHE EIGENSCHAFTEN VON Ag(Ta,Nb)O_3

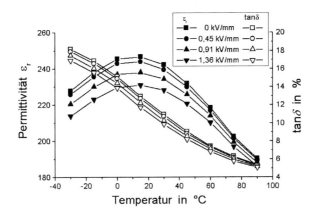

Bild 5.4: *Hochfrequenzeigenschaften einer BST60-Dickschicht (11,5 GHz)*

über 30 GHz und konnte aufgrund des hohen Verlustwertes mit der Methode der offenen Resonatoren nicht mehr gemessen werden.

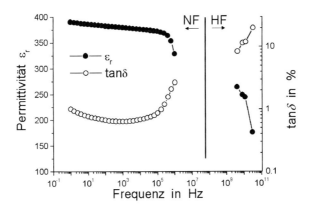

Bild 5.5: *Frequenzabhängigkeit von BST60-Dickschichten bei RT ($E = 0$)*

5.2 Dielektrische Eigenschaften von Ag(Ta,Nb)O_3

5.2.1 Niederfrequenzeigenschaften dichter Ag(Ta,Nb)O_3-Keramik

Zur Untersuchung des ATN auf Steuerbarkeit wird das Verhältnis von Tantal zu Niob zunächst so gewählt, dass die beiden für Raumtemperaturanwendungen interessanten Phasenübergänge M1-

M2 und M2-M3 (siehe Abschn. 2.1.4.2) einerseits ausgeprägte lokale Maxima im Permittivitätsverlauf aufweisen, die zwei Phasenübergänge aber andererseits beide im Messbereich der Niederfrequenzmessplätze liegen. Diese beiden Kriterien werden von AgTa$_{0,4}$Nb$_{0,6}$O$_3$-Keramik erfüllt, bei welcher M1-M2 bei -95 °C und M2-M3 bei +100 °C liegt. Wie Bild 5.6 zeigt, weist M1-M2 eine Steuerbarkeit von 20 % auf, während keine Steuerbarkeit bei M2-M3 zu finden ist. Die Unregelmäßigkeit im Permittivitätsverlauf bei Raumtemperatur stammt vom Wechsel von Kryostat- zu Ofenmessungen. Durch Anlegen eines elektrischen Feldes wird das lokale Maximum der Permittivitätskurve bei M1-M2 abgesenkt, bis es bei sehr hohen elektrischen Feldern, die aufgrund von elektrischen Durchschlägen technisch jedoch nicht erreichbar sind, vollkommen verschwindet.

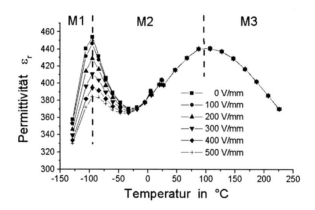

Bild 5.6: *Verlauf der Permittivität von AgTa$_{0,4}$Nb$_{0,6}$O$_3$-Keramik in Abhängigkeit von Temperatur und angelegter Feldstärke (100 kHz, KMP). Die unterbrochenen Linien markieren die Phasenübergänge.* [126]

Der steuerbare M1-M2 Phasenübergang kann durch Verringerung des Tantalanteils zu höheren Temperaturen bis hin zu Raumtemperatur verschoben werden (Bild 5.7). Parallel dazu klingt das lokale Maximum der Permittivität und damit auch die Steuerbarkeit ab, bis es bei reinem AgNbO$_3$ fast vollständig verschwindet.

Die Permittivität von AgTa$_{0,2}$Nb$_{0,8}$O$_3$ ist am Phasenübergang um 30 % höher als in [53], passt aber gut zu den Permittivitätsverläufen der anderen ATN-Mischungen. Ein Messfehler von 30 % bei der Bestimmung der Permittivität mit dem Plattenkondensator ist ausgeschlossen (siehe auch Abschn. 4.3.1.1). Der Unterschied könnte von der leicht von [53] abweichenden Materialpräparation stammen. Es ist in der Literatur jedoch keine Erklärung zu finden, weshalb in [53] AgTa$_{0,2}$Nb$_{0,8}$O$_3$ eine Ausnahme von der Tendenz, bei steigendem Tantalgehalt ebenfalls eine steigende Permittivität am Punkt des Phasenübergangs zu haben, bilden sollte.

Die Eigenschaften der verschiedenen ATN-Keramiken sind in Tab. 5.1 dargestellt.

Die maximale Steuerbarkeit τ_{max} bei angelegtem elektrischem Feld E_{max} findet sich bei allen Keramiken am Punkt des lokalen Maximums der Permittivitätskurve. Der bei einer Feldstärke von 0,8 kV/mm erwartete Wert für τ_{max} bei ATN mit 40 % Tantal wäre höher als derjenige bei ATN

5.2 DIELEKTRISCHE EIGENSCHAFTEN VON Ag(Ta,Nb)O$_3$

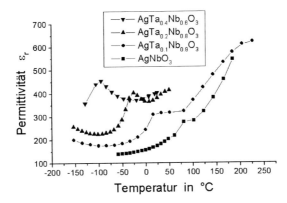

Bild 5.7: *Temperaturabhängigkeit der Permittivität dichter ATN-Keramik mit unterschiedlichem Tantalgehalt (100kHz, KMP) [126]*

Tabelle 5.1: *Steuerbarkeit τ_{max} bei maximaler Feldstärke und Verluste dichter AgTa$_x$Nb$_{1-x}$O$_3$-Keramik mit verschiedenen Tantalgehalten x (100 kHz) [126]*

x	Temperatur bei τ_{max}	E_{max}	τ_{max}	$\tan\delta_{max}$
0,4	-106 °C	0,5 kV/mm	15 %	-
0,2	-26 °C	0,8 kV/mm	27 %	< 1,4 %
0,1	17 °C	1 kV/mm	16 %	< 1,5 %
0	82 °C	1 kV/mm	1 %	-

mit 20 % Tantal. Diese theoretischen Werte konnte aber aufgrund elektrischer Durchbrüche nicht erreicht werden. Aus den Messungen kann jedoch geschlossen werden, dass eine Erhöhung des Tantalgehaltes ebenfalls eine Erhöhung der Steuerbarkeit nach sich zieht.

Da die Steuerbarkeit von ATN80- und ATN90-Kramiken im anwendungstechnisch interessanten Raumtemperaturbereich liegt, sollen ihre dielektrischen Eigenschaften hier ausführlicher dargestellt werden. Bild 5.8 zeigt ihren Permittivitätsverlauf und den Verlauf der Verluste. Wie auch beim BST60 zeigt sich links des lokalen Maximums der Pemittivität ein Anstieg der Verluste, der dann aber, anders als bei BST60, etwa 50 °C entfernt vom Phasenübergang wieder abfällt. Auch ist bei etwa 50 °C höherer Temperatur als M1-M2 ein weiteres lokales Maximum der Verluste zu finden dessen Ursprung noch nicht genau geklärt wurde [54].

ATN weist einen auf weniger als 100 °C begrenzten, stark temperaturabhängigen steuerbaren Bereich auf (Bild 5.9). Hier sieht man einen zweiten, im Permittivitätsverlauf kaum sichtbaren steuerbaren Bereich. Dieser liegt bei etwa den gleichen Temperaturen wie die oben beschriebene Anomalie der Verluste zwischen dem M1-M2 und dem M2-M3 Phasenübergang von ATN80 und ATN90.

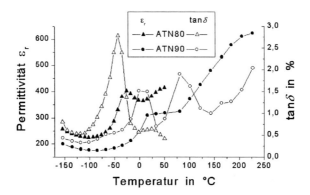

Bild 5.8: *Temperaturabhängigkeit der Permittivität und der Verluste dichter ATN80- und ATN90-Keramik (100 kHz, KMP)*

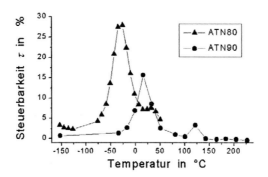

Bild 5.9: *Temperaturabhängigkeit der Steuerbarkeit dichter ATN80- und ATN90-Keramik (100kHz, KMP)*

5.2.2 Vergleich mit Ag(Ta,Nb)O_3 Einkristallen

Untersuchungen an Einkristallen tragen zum Verständnis der Steuerbarkeit bei, da das Materialsystem ohne zusätzliche Korngrenzeneffekte charakterisiert werden kann, wie sie in Keramiken auftreten.

Von [10] bereits untersuchte BST-Kristalle weisen vergleichbare Steuerbarkeiten auf wie die Keramiken. Dem Autor sind keine Veröffentlichungen bekannt, bei denen ATN-Kristalle auf Spannungsabhängigkeit der Permittivität untersucht wurden. Der in [44] aufgezeigte temperaturabhängige Verlauf der Permittivität von ATN-Einkristallen ohne überlagerte Gleichspannung weist am M1-M2 Phasenübergang im Gegensatz zur Keramik kein lokales Maximum auf. Dies lässt zunächst

5.2 DIELEKTRISCHE EIGENSCHAFTEN VON Ag(Ta,Nb)O$_3$

erwarten, dass ATN-Kristalle keine Steuerbarkeit aufweisen. In [44] wird jedoch weder beschrieben, in welche Orientierungsrichtung noch ob überhaupt in unterschiedlichen Ausrichtungen die Permittivität bestimmt wurde.

Zur Untersuchung von ATN-Kristallen auf eine mögliche Steuerbarkeit der Permittivität, wird der Kristall in drei voneinander unabhängigen Orientierungsrichtungen vermessen. Eine Steuerbarkeit ist ausgeschlossen, wenn die Kristalle in keiner dieser Richtungen eine Steuerbarkeit aufweisen. Dazu wurden ATN-Kristalle mit unterschiedlichen Tantal-Gehalten (0%, 18%, 36% und 64%) untersucht, die von Herrn Dr. A. Kania am Institut für Physik, Schlesische Universität, Kattowitz, Polen nach dem in [52] beschriebenen Molten Salt Verfahren hergestellt worden waren. Die Kristalle haben eine Größe von ungefähr $3 \times 3 \times 1 \, mm^2$.

Zur Ausrichtung der monoklin verzerrten Perovskit-Einheitszellen in die <001>, <010> und <100> Ebene wurde die Laue-Rückstrahltechnik (Abschn. 3.1) verwendet. Die Arbeiten erfolgten am Kristallabor der Physikalischen Fakultät der Universität Karlsruhe (TH). Außer bei der Zusammensetzung AgTa$_{0,64}$Nb$_{0,36}$O$_3$ weisen die Kristalle Vielfachreflexe auf (Bild 5.10), die den polykristalline Charakter der meisten Kristalle, der schon unter dem Lichtmikroskop zu beobachten ist, bestätigen.

Die Gitterabstände der Perovskit Einheitszelle bewegen sich zwischen $a_0 = c_0 = 3{,}944 \, Å$ und $b_0 = 3{,}915 \, Å$ für AgNbO$_3$ und $a_0 = c_0 = 3{,}931 \, Å$ und $b_0 = 3{,}914 \, Å$ für AgTaO$_3$ [31]. Die Auflösung der Laue-Methode ist für die Unterscheidung der durch die monokline Verzerrung entstehenden unterschiedlichen Gitterabstände zu niedrig, daher wurde die <001> Ebene willkürlich auf eine Fläche der Einheitszelle festgelegt. Mit Hilfe der Berechnung der Gitterparameter durch die Röntgendiffraktometrie kann zwischen b_0 und a_0 bzw. c_0 unterschieden werden. Dies ist aber nur notwendig, wenn bei der elektrischen Charakterisierung der Kristalle ein anisotropes Verhalten der Proben festzustellen ist.

Bild 5.10: Laue Diagramme: <001> Ebene, AgTa$_{0,18}$Nb$_{0,82}$O$_3$-Kristalle (links) und AgTa$_{0,64}$Nb$_{0,36}$O$_3$-Kristalle (rechts). Die Vielfachreflexe im linken Diagramm weisen den polykristallinen Charakter der Probe auf.

Zur Herstellung von Plattenkondensatoren zur dielektrischen Charakterisierung wurde der Kristall in drei senkrecht zu den Gitterkanten a_0, b_0 und c_0 ausgerichtete Scheiben gesägt. Die Scheiben wurden in Technovit 5071, Heraeus Kulzer GmbH, eingebettet und beidseitig poliert, um planparallele Scheiben mit Dicken <500 μm zu erhalten. Beide Scheibenflächen wurden mit aufgesputterten Goldelektroden versehen, bevor sie aus dem Technovit mit Hilfe von Aceton ausgebettet wurden. Während des Ausbettvorgangs zerfielen die durch Sägen und Polieren mechanisch stark beanspruchten Polykristalle in kleine Kristalle mit Flächenabmessungen kleiner 1 x 1 mm^2. Aufgrund der geringen Größe der Kristalle und der damit verbundenen geringen Kapazität von 2 bis 5 pF wurde der Stickstoffmessplatz wegen seiner höheren Genauigkeit für die Bestimmung der Permittivität und der Verluste verwendet.

Da die Keramik mit der Zusammensetzung AgTa$_{0,2}$Nb$_{0,8}$O$_3$ die höchste im Messbereich des Stickstoffmessplatz liegende Steuerbarkeit bei etwa 260 K aufweist, wurde der dieser Zusammensetzung am nächsten kommende Kristall, AgTa$_{0,18}$Nb$_{0,82}$O$_3$, für elektrische Untersuchungen ausgewählt.

Aufgrund der geringen Größe der Kristalle befanden sich die Messwerte in der Größenordnung der Kapazität und der Verluste der Zuleitungen des Messplatzes. Die Fläche der Elektroden wurde durch das Programm Image Acces (IMAGIC Bildverarbeitung AG, Glattbrugg) anhand der Lichtmikroskopaufnahmen bestimmt. Dabei wurde der Rand der Elektroden durch kleine Geradenstücke von Hand angenähert und der Flächeninhalt bestimmt. Aufgrund der Unregelmäßigkeit der Ränder (Bild 5.11) wies der berechnete Flächenwert einen nicht zu vernachlässigenden Fehler auf, der durch die Beschädigungen der Elektrode durch die Messspitzen verstärkt wurde. Trotz der mit der Literatur vergleichbaren Messergebnisse sollten die Messwerte aufgrund der oben aufgezählten Fehler nur qualitativ betrachtet werden.

Bild 5.11: Lichtmikroskopaufnahme der <010> Ebene eines AgTa$_{0,18}$Nb$_{0,82}$O$_3$-Kristalls. In der Mitte der Aufnahme sind die durch die Messspitzen verursachten Beschädigungen der Elektrode zu erkennen.

Bild 5.12 a) zeigt die Temperaturabhängigkeit der Permittivität der unterschiedlich orientierten AgTa$_{0,18}$Nb$_{0,82}$O$_3$-Kristalle. Die verschiedenen Orientierungen haben auf das Messergebnis kaum einen Einfluss. Ein Einfluss des M1-M2 Phasenübergangs auf den Verlauf der Permittivität ist nicht

5.2 DIELEKTRISCHE EIGENSCHAFTEN VON Ag(Ta,Nb)O$_3$

zu erkennen. Die zur Bestätigung der bei ATN-Kristallen nicht vorhandenen Steuerbarkeit angelegten elektrischen Felder bis 0,5 kV/mm ließen keine Änderung im Verlauf der Permittivitätskurve erkennen.

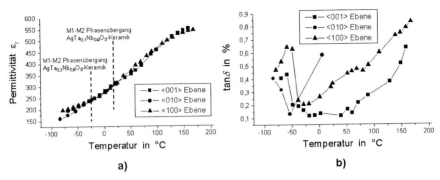

Bild 5.12: Temperaturabhängigkeit a) der Permittivität und b) der Verluste von AgTa$_{0,18}$Nb$_{0,82}$O$_3$ Kristallen (100 kHz, SMP). Zum besseren Vergleich mit dem Permittivitätsverlauf der Keramiken sind in a) die Phasenübergänge von AgTa$_{0,2}$Nb$_{0,8}$O$_3$ und AgTa$_{0,1}$Nb$_{0,9}$O$_3$ eingezeichnet.

Im Unterschied zur Permittivität deutet der Anstieg der Verluste unterhalb von -20 °C den M1-M2 Phasenübergang (Bild 5.12 b)) an, und weisen damit den gleichen Verlauf auf wie die entsprechende Keramik oder Dickschicht. Der Verlauf der Verlustkurve zeigte jedoch ebenfalls keine Abhängigkeit vom angelegten elektrischen Feld.

Die Messungen führen zu dem Schluss, dass ATN-Kristalle keine Steuerbarkeit besitzen, obwohl der Verlauf der Verluste die Existenz des M1-M2 Phasenübergangs bei Kristallen aufzeigt. Eine Erklärung für dieses Phänomen könnte sein, dass die Steuerbarkeit bei ATN-Keramik ein durch Korngrenzeneffekte hervorgerufenes Phänomen ist. Eine weitere Erklärung könnte die Unterdrückung einer nach [80] für den M1-M2-Phasenübergang der ATN Keramik zuständigen Änderung der Überstruktur im Kristall geben.

5.2.3 Elektrische Charakterisierung poröser Ag(Ta,Nb)O$_3$-Dickschichten

Die 94 % dichten ATN80-Dickschichten weisen eine etwa 16 % kleinere Permittivität auf als die entsprechende 97 % dichte Keramik (Bild 5.13). Auch sind die Verluste der Dickschicht um etwa 1/3 geringer als die der Keramik. Der Phasenübergang der im Vergleich zur Keramik (Korngröße 10 bis 20 μm) feinkörnigeren Dickschichten (Korngröße 1 μm) ist jedoch wie bei den BST-Dickschichten verbreitert. Eine deutliche Steuerbarkeit ist bei der ATN80-Dickschicht zwischen -100 und 50 °C zu finden, bei der entsprechenden dichten Keramik nur zwischen -50 und 10 °C.

Die maximale Steuerbarkeit bei 1,2 kV/mm ist mit τ=17 % mehr als doppelt so hoch wie diejenige der BST-Dickschichten. Diese Eigenschaft beruht auf den stärkeren Anstieg der Steuerbarkeitskurve von ATN bei niedrigen extern angelegten elektrischen Feldstärken, auf den in Kap. 6.1 genauer eingegangen wird.

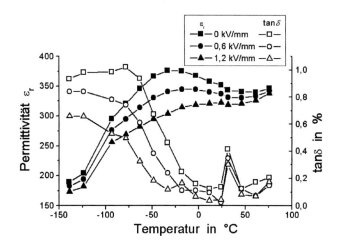

Bild 5.13: *Niederfrequenzeigenschaften einer ATN80-Dickschicht (100 kHz, SMP)*

Auch bei den ATN-Dickschichten führt die im Vergleich zur Keramik erhöhte Diffusivität zu einer geringeren Temperaturabhängigkeit der dielektrischen Eigenschaften. Die Temperaturabhängigkeit der ATN-Dickschichten ist jedoch wesentlich stärker als bei den BST-Dickschichten.

Zum Vergleich der hier gewonnenen Ergebnisse von ATN-Dickschichten mit ATN Dünnschichten wird aus den in [62] aus IDC-Messungen gewonnen Ergebnissen die Werte für die Permittivität einer $AgTa_{0,38}Nb_{0,62}$-Dünnschicht mit Hilfe der in Abschn. A.1.1 vorgestellten Methode der Teilkapazitäten berechnet. Man erhält so bei RT und 1 MHz eine Permittivität von $\epsilon_r \approx 150$ ohne extern angelegtem Feld und eine Steuerbarkeit von 8,4 % bei 20 kV/mm. Im Vergleich dazu zeigt die ATN80-Dickschicht bei 1 MHz und RT eine Permittivität von $\epsilon_r \approx 401$ ohne extern angelegtem Feld und eine Steuerbarkeit von 7 % bei nur 1,2 kV/mm.

Vergleicht man den Verlauf der Permittivität bei 100 kHz (Bild 5.13) mit dem bei 8 GHz (Bild 5.14) ist eine starke Verschiebung des Maximums zu 40 °C höheren Temperaturwerten aufgrund des Relaxorverhaltens des M1-M2 Phasenübergangs zu erkennen. Gleichzeitig steigen die Verluste. Sie liegen bei Raumtemperatur bei etwa 13 % und somit leicht über denen der BST60-Dickschicht.

Die in Bild 5.15 dargestellten Messergebnisse zeigen bis 8 GHz nur ein leichtes Absinken der Permittivität, bis sie dann bis 90 GHz auf einen Wert von $\epsilon_r = 92$ abfällt. Die Verluste steigen stetig an, bis auf eine Ausnahme bei 30 GHz, die vom Wechsel der Messmethodik herrühren kann, da bei den offenen Resonatormessungen keine Elektroden auf die Dickschicht aufgebracht sind, die den Verlustfaktor beeinflussen können.

Das starke Absinken der Permittivität deutet ebenso wie bei BST60 eine Relaxation an. Die genaue Relaxationsfrequenz kann aufgrund der geringen Anzahl der Messwerte nicht genau festgestellt werden, liegt aber dem Verlauf der Permittivität nach zu urteilen bei Werten zwischen 15 und 90 GHz.

5.2 DIELEKTRISCHE EIGENSCHAFTEN VON Ag(Ta,Nb)O$_3$

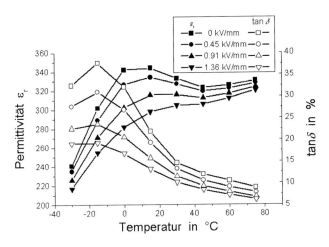

Bild 5.14: *Hochfrequenzeigenschaften einer ATN80-Dickschicht (8 GHz)*

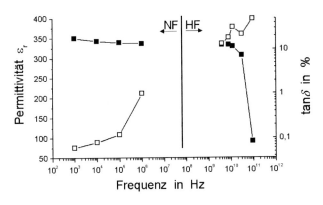

Bild 5.15: *Frequenzabhängigkeit von ATN80-Dickschichten bei RT ($E = 0$)*

Kapitel 6

Modellierung

Zur Abschätzung des Potentials steuerbarer Mikrowellendielektrika und zum besseren Vergleich der entwickelten Materialien ist eine Methode zur Extrapolation der Messwerte von großer Wichtigkeit. Ebenso vorteilhaft ist ein Modell zur Bestimmung des Einflusses der Porosität auf die dielektrischen Eigenschaften um eine gezielte Optimierung des Gesamtsystems Dickschicht-Substrat zu erreichen, in dem die Herstellungsparameter wie Pastenkonsistenz, Siebdruckparameter und Nachbehandlung durch uniaxiles Pressen variiert werden.

In den folgenden zwei Abschnitten soll zunächst ein Modell vorgestellt werden, mit dem die Steuerbarkeit der hier verwendeten polykristallinen Dickschichten bei hohen extern angelegten Feldstärken (> 5 kV/mm) anhand von Messungen mit niedrigen extern angelegten elektrischen Feldstärken (< 5 kV/mm) prognostiziert werden kann. Anschließend wird ein Modell zur Beschreibung der Permittivität in Abhängigkeit der Porosität auf seine Eignung zur Beschreibung der in dieser Arbeit verwendeten Materialien untersucht.

6.1 Modellierung der Steuerbarkeit

Aufgrund der in dieser Arbeit verwendeten Geometrien ist die Höhe des extern angelegten elektrischen Feldes begrenzt. Somit kann die theoretisch maximal mögliche Feldstärke bis zur Durchbruchfeldstärke nicht angelegt werden. Diese liegt z.B. bei dichter BST60-Keramik laut [92] bei über 32 kV/mm. Ein weiterer Hinderungsgrund für das Anlegen höherer elektrischer Felder ist die niedrigere Durchschlagfeldstärke in Luft [65] von 4,5 kV/mm bei einem Elektrodenabstand von 1 mm bzw. 10 kV/mm bei einem Elektrodenabstand von 0,1 mm. Dies könnte jedoch im Anwendungsfall durch Verwendung einer im Mikrowellenbereich verlustarmen Schutzschicht (z.B. Teflon, Wachs, Schutzlack [105]) behoben werden.

Um das Potential der Dickschicht in Anwendungen mit höheren elektrischen Feldstärken vorhersagen zu können, wird daher das in Abschn. 2.1.3 beschriebene Modell verwendet. Dieses Modell beschreibt die Feldabhängigkeit der Suszeptibilität von Perowskiten im paraelektrischen Bereich für hohe Steuerfelder (Gl. 2.20). Durch Addition von 1 kann dann aus der berechneten Suszeptibilität die Permittivität erhalten werden. Zur Bestimmung der Nichtlinearitätskonstante N wird ein Nonlinear-Curve-Fit (Microcal Origin) der gemessenen Suszeptibilitätswerte der verschiedenen Materialien durchgeführt. Dabei wird zwischen den NF- und HF-Messungen unterschieden. Aus dem so gewonnen Suszeptibilitätsverlauf kann dann die Abhängigkeit der Steuerbarkeit vom extern angelegten elektrischen Feld beschrieben werden. Die mit diesem Verfahren bestimmten Nichtlinearitätskonstanten N sind zusammen mit dem quadratischen Fehlerwert X^2 in Tab. 6.1 angegeben.

Aufgrund des dominanten M2-M3 Phasenübergangs der ATN-Dickschichten nähert sich die Suszeptibilität durch ein angelegtes externes elektrisches Feld nicht der Asymptote $\chi_{e,\infty}=0$. Daher wird das Modell so erweitert, dass zur Berechnung von N nicht die absolute Suszeptibilität verwendet wird, sondern nur der Beitrag des M1-M2 Phasenübergangs. Zur Beschreibung der Feldabhängigkeit von ATN-Dickschichten wird daher die Gl. 2.20 abgewandelt zu

$$\chi_e \approx (\chi_{e,0} - \chi_{e,\infty})\left[1 + N(\chi_{e,0} - \chi_{e,\infty})^3 E^2\right]^{-\frac{1}{3}} + \chi_{e,\infty}. \tag{6.1}$$

Die zwei in Gl. 6.1 mit dem Nonlinear-Curve-Fit zu bestimmenden Parameter sind somit die Nichtlinearitätskonstante N sowie die Suszeptibilität $\chi_{e,\infty}$ bei unendlichem hohem extern angelegtem Feld. Eine solche unabhängige Betrachtung des M1-M2 Beitrags zur Untersuchung des Relaxorverhaltens des M1-M2 Phasenübergang wird in [55] schon angesetzt. Die Methode zur Bestimmung des Beitrags des M1-M2 Phasenübergangs zur Suszeptibilität ist dort aber nicht genauer beschrieben. Mit dem in der hier vorliegenden Arbeit angewandten Verfahren kann die Asymptote durch iteratives Reduzieren von X^2 bestimmt werden. Die auf diese Weise für die Asymptoten gefundenen Werte sind ebenfalls in Tab. 6.1 beschrieben.

Tabelle 6.1: Durch Nonlinear-Curve-Fit bei Dickschichten bestimmte Nichtlinearitätskonstanten N und Suzeptibilitäten $\chi_{e,\infty}$ bei unendlichem hohem extern angelegtem Feld. Für $\chi_{e,\infty} = 0$ entspricht Gl. 6.1 der Gl. 2.20. X^2 gibt den quadratischen Fehlerwert des Nonlinear-Curve-Fit an.

Material	Frequenz	$N/10^{-10}$ in $\left(\frac{\text{mm}}{\text{kV}}\right)^2$	$\chi_{e,\infty}$	X^2
BST60	100 kHz	9,907	0	0,666
	4 GHz	65,731	0	0,75002
	8 GHz	90,02	0	0,710
	11,5 GHz	80,77	0	0,594
ATN80	100 kHz	9751	245	0,441
	3,5 GHz	6796,1	220	0,18358
	8 GHz	6680,6	220	0,115
	10,5 GHz	171,95	100	0,20325
ATN90	100 kHz	500000	132	0,237
	4 GHz	2300000	65	0,00034
	9 GHz	69005	70	0,06454
	13 GHz	5302,7	70	0,0079

Bild 6.1 und Bild 6.2 zeigen die aus dem Modell ermittelten Permittivitätsverläufe der Dickschichten im NF- und HF-Bereich. Wie die Diagramme und Werte für X^2 zeigen, weisen die mit dem Modell bestimmten Verläufe eine gute Übereinstimmung mit den Messwerten auf.

Zu beachten ist, dass der Nichtlinearitätsfaktor N ein relativer Wert ist, der immer im Zusammenhang mit der Größe des Wertes der Permittivität zu sehen ist. So zeigt z.B. ATN80 bei 100 kHz einen kleineren Nichtlinearitätsfaktor als ATN90, obwohl das Gefälle der ATN80-Kurve bis 3 kV/mm wesentlich größer ist, wie in Bild 6.1 zu sehen ist. Der Grund liegt im doppelt so großen Permittivitätswert von ATN80.

6.1. MODELLIERUNG DER STEUERBARKEIT

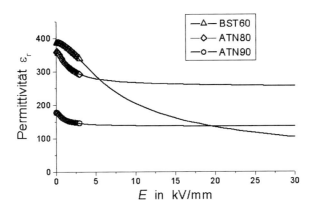

Bild 6.1: *Beschreibung der Feldabhängigkeit der Permittivität ϵ_r von Dickschichten bei 100 kHz (RT). Die offenen Symbole sind Messwerte.*

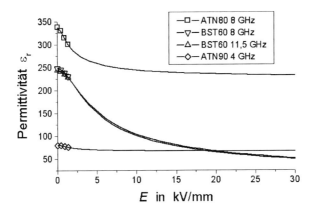

Bild 6.2: *Beschreibung der Feldabhängigkeit der Permittivität ϵ_r von Dickschichten bei HF (RT). Die offenen Symbole sind Messwerte.*

Die aus den Permittivitätsverläufen bestimmte theoretische Steuerbarkeit ist für extern angelegte Felder bis zu 30 kV/mm in Bild 6.3 für NF und in Bild 6.4 für HF gezeigt.

Vor allem im NF-Bereich zeigt sich, dass ATN schon bei Feldstärken von etwa 1 kV/mm eine Steuerbarkeit größer 10 % erreicht. Es erreicht laut Modell bei etwa 4 kV/mm mit 20 % schon 2/3 seiner maximalen Steuerbarkeit. Bei den in dieser Arbeit untersuchten ATN Proben ereignete sich jedoch

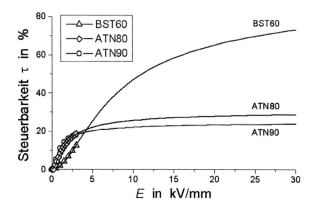

Bild 6.3: *Modellierung der Feldabhängigkeit der Steuerbarkeit τ von Dickschichten bei 100 kHz (RT). Die offenen Symbole sind Messwerte [110].*

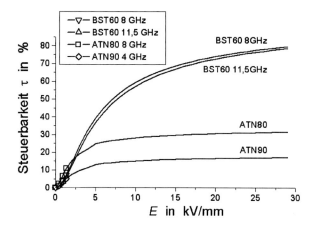

Bild 6.4: *Modellierung der Feldabhängigkeit der Steuerbarkeit τ von Dickschichten bei HF (RT). Die offenen Symbole sind Messwerte.*

schon bei Feldstärken unter 3 kV/mm ein elektrischer Durchschlag [124], was eine Messung mit höheren angelegten Feldstärken verhinderte.

Die Anfangssteigung der Steuerbarkeitsverläufe der BST60-Dickschichten ist geringer als diejenige von ATN. Bei etwa 5 kV/mm schneidet sich die Kurve des BST60 mit denen von ATN. Danach steigt die Steuerbarkeit des BST60 weiterhin stark an, während diejenige von ATN in die Sättigung geht. Der Wert der Steuerbarkeit von BST60 mit τ=50 % bei etwa 12 kV/mm deckt sich gut mit dem in [123] bei Raumtemperatur gemessenen Wert (50 % bei 11,8 kV/mm) für eine poröse BST60-Dickschicht.

Im HF-Bereich bleiben die Werte der Steuerbarkeit bei allen Materialien, mit Ausnahme von ATN90, gleich, trotz des in den vorhergehenden Kapiteln beschriebenen Beginns von Relaxationen. Bei 13 GHz ist bei ATN90 die Relaxation fast abgeschlossen, und die bei 1,4 kV/mm gemessene Steuerbarkeit ist sogar kleiner 1 %. Die im Vergleich zu ATN80 bei niedrigeren Frequenzen beginnende Relaxation von ATN90 könnte auf dessen größere Korngröße zurückzuführen sein (siehe später auch Abschn. 7.1).

Mit diesen Vergleichen wurde gezeigt, dass das Modell den Permittivitäts- und Steuerbarkeitsverlauf gut beschreibt und somit die Möglichkeit bietet, das Potential der in dieser Arbeit verwendeten Materialsysteme für hohe extern angelegte elektrische Felder zu prognostizieren.

6.2 Modellierung der Abhängigkeit der Permittivität von der Porosität

Ein wichtiger Parameter zur Einstellung der dielektrischen Eigenschaften der Dickschichten ist die Porosität p. In diesem Abschnitt soll daher eine Methode gefunden werden anhand von Messwerten die Abhängigkeit der Permittivität und der Steuerbarkeit von p zu beschreiben.

Versuche die Permittivität von Kompositen mit verschiedenen Materialkonstanten zu modellieren, reichen schon mehr als hundert Jahre zurück. Betrachtet man einen porösen Keramikkörper als Komposit bestehend aus zwei Materialien, so können in die bekannten Modelle für das eine Material die dielektrischen Parameter der dichten Keramik und für das andere Material die Parameter von Luft eingesetzt werden.

Im Jahre 1912 wies Wiener [116] die oberen und unteren Grenzen eines solchen Mischsystems auf. Wiener geht davon aus, dass zwei Dielektrika mit der relativen Permittivität ϵ_{r1} und ϵ_{r2} mit den relativen Volumenanteilen v_1 und v_2 miteinander vermischt sind, wobei die beiden Volumenanteile zusammenaddiert das Gesamtvolumen 1 ergeben ($v_1 + v_2 = 1$). Die obere Grenze des Modells stellt eine Parallelschaltung der zwei Materialanteile dar,

$$\epsilon_p = v_1 \cdot \epsilon_{r1} + v_2 \cdot \epsilon_{r2} \tag{6.2}$$

die untere eine Serienschaltung

$$\frac{1}{\epsilon_s} = \frac{v_1}{\epsilon_{r1}} + \frac{v_2}{\epsilon_{r2}}. \tag{6.3}$$

Durch Einführen einer Konstanten κ_w mit $0 \leq \kappa_w \leq \infty$ werden Gl. 6.2 und Gl. 6.3 zur allgemeinen Wiener-Gleichung zusammengefasst:

$$\frac{\epsilon_{eff} - \epsilon_{r1}}{\epsilon_{eff} + \kappa_w} = v_2 \cdot \frac{\epsilon_{r2} - \epsilon_{r1}}{\epsilon_{r2} + \kappa_w} \tag{6.4}$$

(ϵ_{eff} = effektive Permittivität). In dem Fall einer porösen Keramik wird die relative Permittivität des Materials mit ϵ_{r2} bezeichnet und die relative Permittivität der Luft zu ϵ_{r1}=1 gesetzt.

Für den Fall, dass die Volumenanteile untereinander parallel und seriell verbunden sind, wurde im Jahre 1924 die dreidimensionale logarithmische Mischungsformel von Lichtenecker[1] [67] aufgestellt:

$$\log \epsilon_{eff} = v_1(1 + \kappa_l v_2)\log \epsilon_1 + v_2(1 - \kappa_l v_1)\log \epsilon_2 \tag{6.5}$$

(κ_l = Konstante der Lichtenecker-Formel) Eine Sammlung weiterer Modelle, die aber in dieser Arbeit bis auf eine Ausnahme hier nicht weiter untersucht wurden, findet sich in [8]. Bei dem weiteren hier behandelten Modell handelt es sich um die auf das allgemeine Modell von Lichtenecker aufbauende Bruggeman-Formel [14].

Bei der Bruggeman-Formel wird angenommen, dass ein Medium von dem anderen vollständig bedeckt wird:

$$\frac{\epsilon_{eff} - \epsilon_{r1}}{\epsilon_{r2} - \epsilon_{r1}} \cdot \left(\frac{\epsilon_{r2}}{\epsilon_{eff}}\right)^{\frac{1}{3}} = 1 - v_1 \tag{6.6}$$

Für den Fall, dass $\epsilon_{r1} \ll \epsilon_{r2}$ und $v_1 \ll 1$ kann die Gl. 6.6 durch Reihenentwicklung zu

$$\epsilon_{eff} = \epsilon_{r2} \cdot (1 - 3p/2) \tag{6.7}$$

vereinfacht werden [115], wobei hier die Porosität p dem relativen Volumenanteil v_1 entspricht.

Sollen nun zwei unterschiedlich poröse Keramiken miteinander verglichen werden, so setzt man für die Permittivität der poröseren Probe $\epsilon_{eff,2}$ die Porosität $p_{2,2}$ und für den Wert der weniger porösen Probe $\epsilon_{eff,1}$ die Porosität $p_{2,1}$ ein. Damit kann die Gl. 6.7 zu

$$\epsilon_{eff,2} = \epsilon_{eff,1} \cdot \frac{(1 - 3p_{2,2}/2)}{(1 - 3p_{2,1}/2)} \tag{6.8}$$

umgeformt werden. Der Vorteil der Bruggeman-Formel im Vergleich zu den anderen oben aufgezählten Modellen ist, dass bei der Berechnung des Einflusses der Porosität auf das Material keine Konstante κ_w bzw. κ_l benötigt wird.

In [115] findet sich die grafische Darstellung der Abhängigkeit der effektiven Permittivität poröser Keramik mit $\epsilon_{r2} = 1500$ von der Porosität für die verschiedenen oben genannten Modelle. Weiterhin wird in [115] die Gültigkeit der Bruggeman-Formel anhand des Perowskitsystems Pb(Zr,Ti,Nb,Mn)O$_3$ gezeigt. Dazu wurden sowohl poröse Keramiken als auch Keramik-Komposite hergestellt, wobei vorausgesetzt wurde, dass nur Keramiken miteinander verglichen werden können, die mit den gleichen Parametern hergestellt wurden.

Aufgrund der guten Ergebnisse bei der Anwendung der Bruggeman-Formel in [115] wurde sie hier verwendet, um die Abhängigkeit der Permittivität von der Porosität bei ATN90 zu beschreiben (Bild 6.5). Dabei wurden sowohl der Permittivitätsverlauf der Dickschicht (Korngröße 2 bis 3 μm) aus der massiven Keramik (Korngröße 10 bis 20 μm), als auch umgekehrt derjenige der massiven Keramik aus dem der Dickschicht berechnet. Das Modell zeigt hier gute Ergebnisse, trotz der unterschiedlichen Sintertemperaturen von Bulk und Dickschicht und den daraus resultierenden großen Korngrößenunterschiede. Somit kann davon ausgegangen werden, dass bei ATN90 die Variation der Korngrößen zwischen 2 und 20 μm keinen merklichen Einfluss auf die dielektrischen Eigenschaften und die Steuerbarkeit hat.

Eine Weiterentwicklung des Modells zur Beschreibung der Porositätsabhängigkeit der Permittivität zielt darauf hin, aus dem effektiven angelegten Feld E_{eff} anhand der Porosität p die Größe der

---
[1] In [14] findet sich die gegenüber [67] revidierte Formel

6.2. MODELLIERUNG DER ABHÄNGIGKEIT DER PERMITTIVITÄT VON DER POROSITÄT

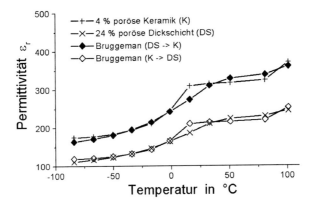

Bild 6.5: Anwendung der Bruggeman-Formel zur Bestimmung der Abhängigkeit der Permittivität von der Porosität anhand von ATN90 (100 kHz). Dargestellt sind sowohl die berechneten Permittivitätswerte der Keramik anhand von Dickschichtwerten (DS -> K) als auch die der Dickschicht anhand von Keramikwerten (K -> DS).

elektrische Feldstärke in den Körnern E_K zu bestimmen, um die Abhängigkeit der Steuerbarkeit τ von der Porosität zu beschreiben.

Ein solches Modell, welches für Materialsysteme geeignet ist, bei denen das Bruggeman-Modell die Porositätsabhängigkeit der Permittivität beschreibt, ist in [70] und vereinfacht in [115] zu finden:

$$E_k = E_{eff} \cdot \frac{1 - \frac{3p}{2}}{1 - p} \qquad (6.9)$$

E_k: Elektrische Feldstärke im Korn
E_{eff}: Extern angelegtes effektives elektrisches Feld

Anhand der Messwerte der Permittivität einer 4 % porösen ATN90-Keramik [126] bei Raumtemperatur ohne angelegtes Feld ($\epsilon_{r,k0} = 312$) und bei einem angelegten Feld von $E_{eff,Keramik} = 0,8\,\text{kV/mm}$ ($\epsilon_{r,k8} = 276$) werden im folgenden mit dem Modell die Feldstärke in einem Korn berechnet. Anhand dieser wird die effektive Feldstärke berechnet, die an eine 24 % porösen ATN90-Dickschicht angelegt werden muss, um in deren Körnern die gleiche Feldstärke zu erzeugen. Anhand der effektiven Feldstärke kann dann die Steuerbarkeit einer gemessenen 24 % porösen ATN90-Dickschicht (Bild 6.6) abgelesen werden [2]. Ist das Modell gültig, so entspricht die Steuerbarkeit der Dickschicht derjenigen der Keramik.

---

[2] Die in [124] angegebene Porosität von 30 % wurde nach einer Verbesserung des Verfahrens zur Bestimmung der Porosität zu einem Wert von 24 % korrigiert. Die Verbesserung des Verfahrens bestand darin, die zum Polieren in Technovit eingebetteten Proben nicht mehr auszubetten und somit das Ausbrechen von Körnern an der polierten Fläche durch den Ausbettvorgang zu verhindern. Ausgebrochene Körner erhöhen beim optischen Verfahren den Messwert der Porosität.

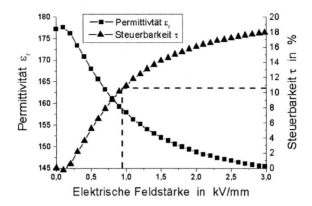

Bild 6.6: *Feldstärkeabhängigkeit der Permittivität und Steuerbarkeit einer 24 % porösen ATN90-Dickschicht (100 kHz, RT) [124].*

Die Anwendung von Gl. 6.9 auf die Werte für die Permittivität der Keramik ergibt ein E_k von 783 V/mm. Anschließend wird Gl. 6.9 erneut angewendet, um die effektive Feldstärke $E_{eff,Dickschicht}$ zu bestimmen, die angelegt werden muss, damit im Korn der Dickschicht ebenfalls eine Feldstärke von $E_k = 783$ V/mm erreicht wird. $E_{eff,Dickschicht}$ ergibt sich zu 0,93 kV/mm. Die an Hand der Messkurve für die Permittivität der Dickschicht bei einer extern angelegten Feldstärke von 0,93 kV/mm bestimmte Steuerbarkeit $\tau_{Dickschicht} = 10,6\%$ weicht von derjenigen der Keramik mit $\tau_{Keramik} = 11,5\%$ um weniger als 10 % ab. Sie liegt damit im Bereich des Fehlers, der bei Bestimmung der Permittivität und der Messtemperatur entsteht.

Das Modell liefert demnach für ATN gute Ergebnisse und kann zur Beschreibung der Porositätsabhängigkeit der Permittivität und der Steuerbarkeit verwendet werden. Es ermöglicht, die dielektrischen Eigenschaften bei Änderungen der Präparationsparameter vorherzusagen. Eine Anwendung dieser Methode auf BST würde eine gewisse Möglichkeit eröffnen den Einfluss unterschiedlicher Korngrößen auf die Permittivität vom Einfluss der Porosität zu separieren.

Kapitel 7

Vergleich und Bewertung der unterschiedlichen Materialsysteme

Unter Zuhilfenahme der in den vorherigen Abschnitten beschriebenen Messergebnisse und Modelle erfolgt in den folgenden Abschnitten eine Bewertung der in dieser Arbeit untersuchten Materialsysteme. Es sollen die dielektrischen Eigenschaften der zwei untersuchten Materialsysteme miteinander verglichen und kurz zusammengefasst werden. Dabei sollen die Schwerpunkte auf dem Anstieg der Verluste im Hochfrequenzbereich, der Temperaturabhängigkeit und der Steuerbarkeit im HF-Bereich liegen.

7.1 Verluste

Wie in den Diagrammen zur Frequenzabhängigkeit der untersuchten Dickschichten zu sehen ist (Bild 5.5, 5.15), steigen bei allen Materialsystemen die Verluste in Richtung hoher Frequenzen (GHz-Bereich) stark an. Dieser Anstieg der Verluste ist zum einen bestimmt durch Phononenstreuprozesse. Sowohl bei Einkristallen [71] als auch bei Keramiken [10, 57, 121] addieren sich zu diesen Verlusten zusätzliche hohe Verluste durch Relaxationsprozesse.

Dabei wird bei den hier untersuchten Materialien die niedrigste Relaxation bei etwa 10 GHz für ATN90 gefunden. Dieses wird gefolgt von ATN80 zwischen 15 und 90 GHz, wobei aufgrund der geringen Anzahl der Messwerte in diesem Frequenzbereich keine genauen Aussagen darüber gemacht werden können, bei welchen genauen Frequenzen sie stattfindet. Das bei den höchsten Frequenzen relaxierende Material ist das BST60. Es hat bei 10 GHz im Vergleich zu den anderen Materialien die geringsten Verluste.

Für den Ursprung der Verluste durch die Relaxationsprozesse werden in der Literatur unterschiedliche Angaben gemacht. Im ferroelektrischen Bereich wird vermutet, dass die Breite der Domänenwände den Wert der Relaxationsfrequenz bestimmt [71]. Für BST im paraelektrischen Bereich wird die Relaxation dem Wechseln der Positionen des Ti^{4+}-Ions um das Symmetriezentrum des Perowskiten herum verantwortlich gemacht [121]. In [57] wird ebenfalls die Relaxation des Ti^{4+}-Ions als mögliche Ursache genannt. Es wird jedoch auch die Relaxation von Ladungsdefekten wie z.B. Sauerstoffleerstellen als mögliche Ursache genannt. Weitere Erklärungen sind in [10] aufgezählt: Polarisations-Fluktuationen (Kristallbereiche, die bezüglich ihres Polarisationszustandes autonom sind, womit auch oberhalb T_C eine spontane Polarisation möglich ist), Dipolrelaxationen von an Korngrenzen angesammelten Verunreinigungspaaren oder die Relaxation einer Raumladungspolarisation an der Grenzschicht zwischen den Körnern.

Für das in [121] beschriebene Modell spricht die bei niedrigeren Frequenzen als bei BST60 stattfindende Relaxation von Ba(Zr,Ti)O$_3$ mit der gleichen Korngröße [125]. Das durch das fast doppelt so schwere Zr^{4+}-Ion ersetzte Ti^{4+}-Ion könnte aufgrund seiner größeren Trägheit die Relaxation bei niedrigeren Frequenzen stattfinden lassen. Es ist dabei jedoch nicht zu vernachlässigen, dass auch die Größe des Strontiumanteils einen erheblichen Einfluss auf den Wert der Relaxationsfrequenz von BST60 hat [121]. Der Unterschied in der Relaxationsfrequenz von Ba(Zr,Ti)O$_3$ und BST60 kann auch hierin seinen Ursprung haben.

Die mit den Modellen verglichenen Messungen in [71,121] zeigen eine Abhängigkeit der Relaxationsfrequenz von der Korngröße. Beide Messungen weisen eine Verschiebung der Relaxationen zu höheren Frequenzen mit sinkender Korngröße auf.

Somit könnte eine Reduzierung der Verluste durch eine Verschiebung der Relaxationsfrequenz zu Frequenzen weit über den Anwendungsbereich durch eine Reduzierung der Korngröße erreicht werden. Eine weitere Methode könnte die Erhöhung der Korngröße sein, um damit die Relaxation unterhalb der Anwendungsfrequenz abzuschließen. Vorher muss jedoch geklärt werden, ob oberhalb der Relaxationsfrequenz noch Steuerbarkeit im Material vorhanden ist. Das starke Absinken der Steuerbarkeit von ATN90 oberhalb von 10 GHz z. b. führt zu der Annahme, dass bei ATN die Relaxation direkt mit der Steuerbarkeit zusammenhängt und somit keine Steuerbarkeit oberhalb der abgeschlossenen Relaxation zu finden ist.

Eine weitere Möglichkeit zur Senkung der Verluste ist das Beimischen eines nicht-steuerbaren verlustarmen Materials (z.B. MgO [96]), wobei dadurch auch die Steuerbarkeit stark gesenkt wird. Auch ist eine heterovalente Dotierung des Materials denkbar (z.B. Fe [113]), wobei auch in diesem Fall der Einfluss der Dotierung eine Senkung der Steuerbarkeit bewirken kann.

Weitere Arbeiten am IWE zielen in Richtung eines besseren Verständnisses der Verlustmechanismen und der Verbesserung der Verlusteigenschaften durch Reduzierung der Korngrößen und durch geeignete Dotierungen.

7.2 Temperaturabhängigkeit

In allen Materialien wurde durch die Herstellung feinkörniger, poröser Dickschichten eine Erhöhung der Diffusivität und somit eine Senkung der Temperaturabhängigkeit festgestellt. Zur Erklärung kann der in Abschn. 5.1.1 angesprochene Korngrößeneffekt herangezogen werden. Aufgrund des dominanten M2-M3 Phasenübergangs der ATN Keramik ist die Temperaturabhängigkeit im Vergleich zu BST größer.

Bei 8 GHz für ATN80 z. B. ist zwischen 40 °C und 80 °C (Bild 5.14) der Permittivitätsverlauf ansteigend und besitzt immer noch eine Steuerbarkeit zwischen 4 und 6 %. Somit können ATN-Dickschichten, im Gegensatz zu den auf Barium basierenden Schichten, im nicht ferroelektrischen Bereich, also dem Bereich niedriger Verluste, einen positiven Temperaturkoeffizienten TK_ϵ aufweisen.

$$TK_\epsilon = \frac{1}{\epsilon_r} \cdot \frac{d\epsilon_r}{dT} \qquad (7.1)$$

Aus einer Mischung eines steuerbaren Materials mit positivem TK_ϵ mit einem steuerbaren Material mit negativem TK_ϵ könnte eine Permittivität resultieren, die über einen breiten Bereich temperaturunabhängig ist, ohne dadurch die Steuerbarkeit zu reduzieren. Bis auf ATN sind dem Autor jedoch nur Materialien bekannt, die nur im ferroelektrischen Bereich sowohl einen positiven TK_ϵ als auch eine Steuerbarkeit besitzen.

Laut [35] können auch ferroelektrische Materialien bei Frequenzen oberhalb 10 bis 20 GHz, bei denen die Domänenwandbewegungen eingefroren sind und somit keine piezoelektrische Umwandlung des Mikrowellensignals mehr erfolgt, verwendet werden. In [35] ist ein Interdigitalkondensator aus $Ba_{0,75}Sr_{0,25}TiO_3$ und $Ba_{0,25}Sr_{0,75}TiO_3$ vorgestellt, dessen Permittivität zwischen 150 und 250 °C konstante Werte zeigt. Die Güte des Aufbaus weist Werte größer 34 auf. In der Veröffentlichung sind jedoch weder Angaben über die Messfrequenz noch über die Höhe der Steuerbarkeit gemacht.

Der Einsatz von Pulvermischungen mit verschiedenen Ba/Sr-Verhältnissen zur Herstellung von BST-Dickschichtpasten bzw. verschiedenem Ta/Nb-Verhältnis für ATN könnte eine Reduzierung der Temperaturabhängigkeit bewirken, wenn die Sintertemperatur so niedrig gehalten wird, dass keine Homogenisierung des Dielektrikums erfolgt. Somit könnten für Frequenzen größer 20 GHz Schichten hergestellt werden, die nur eine geringe Temperaturabhängigkeit mit hoher Steuerbarkeit aufweisen.

7.3 Steuerbarkeit

In diesem Abschnitt wird die Steuerbarkeit und die daraus folgende Phasenverschiebung der untersuchten Materialien verglichen und bewertet. Zum besseren Vergleich der in dieser Arbeit untersuchten Materialsysteme, und auch mit denen anderer Veröffentlichungen, werden in diesem Abschnitt zwei Kennwerte M und K eingeführt, die im Verlauf dieses Abschnittes genauer beschrieben werden. Weiterhin wird die in Abschn. 2.2.5 definierte FoM verwendet, um das Anwendungspotential der Materialien in Phasenschiebern zu zeigen.

Der Wert M beschreibt den Quotienten der Steuerbarkeit τ und der Verluste $\tan\delta$. In Tab. 7.1 werden die Werte von M_{max} für diejenige Temperatur angegeben, bei denen der Quotient

$$M = \frac{\tau}{\tan\delta} \qquad (7.2)$$

maximal wird.

Gl. 7.2 kann auch ausgedrückt werden als die Differenz zwischen der Permittivität $\epsilon_{r,0}$ ohne und $\epsilon_{r,max}$ mit maximal angelegtem Feld bezogen auf die Permittivität $\epsilon_{r,0}$ und die Verluste $\tan\delta_0$ ohne angelegtes Feld:

$$M_{max} = \frac{\epsilon_{r,0} - \epsilon_{r,max}}{\epsilon_{r,0}} \cdot \frac{1}{\tan\delta_0} \qquad (7.3)$$

Zusätzlich werden bei Raumtemperatur M_{RT} bei einem extern angelegten Feld von 1,36 kV/mm und der theoretische Wert M_{RT15} bei einem extern angelegten Feld von 15 kV/mm angegeben. M_{RT15} wird mit Hilfe des in Abschn. 6.1 beschriebenen Modells berechnet. Die M_{RT15}-Werte für die auf Silberniobat basierenden Materialien stehen in Klammern, da sie aufgrund von schon bei niedrigeren extern angelegten elektrischen Feldern auftretenden elektrischen Durchschlägen praktisch nicht erreichbar sind.

Tabelle 7.1: M_{max} der untersuchten Materialien bei verschiedenen Frequenzen ($E_{max} = 1{,}36\,kV/mm$). M_{RT15}-Werte der auf Silberniobat basierenden Materialien aufgrund elektrischer Durchschläge praktisch nicht erreichbar.

Material	Frequenz in GHz	Temperatur bei M_{max}	τ_{max} in %	$\tan\delta_{max}$ in %	M_{max} in %	M_{RT} bei RT in %	M_{RT15} bei RT in %
BST60	4	15 °C	6,6	9,2	65	63	790
	8	30 °C	6,9	11	65	62	600
	11,5	45 °C	4,8	9,0	53	51	560
ATN80	3,5	15 °C	15	15	103	89	(230)
	7,0	15 °C	13	22	61	59	(160)
	10,5	30 °C	6,0	23	26	19	(150)
ATN90	4	60 °C	5,6	12	46	38	(110)
	9	60 °C	2,5	11	22	18	(160)
	12	30 °C	0,87	12	7,5	7,0	(170)

BST60 und ATN80 weisen über den gesamten in Tab. 7.1 dargestellten Frequenzbereich die höchste Steuerbarkeit auf. In Richtung höherer Frequenzen sinkt jedoch M von ATN80 aufgrund der ansteigenden Verluste stärker als M von BST60. Der Vergleich des berechneten M_{RT15} der verschiedenen Materialien miteinander zeigt, dass BST60 noch ein großes Potential besitzt, wenn es möglich ist höhere Felder anzulegen.

Zum Vergleich mit den besten Ergebnissen von $Ba_{0,5}Sr_{0,5}O_3$-Dünnschichten aus [59] bei 10 GHz und RT werden die theoretischen Werte von BST60-Dickschichten bei einem extern angelegten Feld von 8 kV/mm berechnet. Die Dünnschicht zeigt mit $M = 6{,}0$ einen höheren Wert als die Dickschicht mit $M = 4{,}4$ was vorwiegend auf die höhere Steuerbarkeit der der Dünnschicht ($\tau = 60\,\%$) im Vergleich zur Dickschicht ($\tau = 50\,\%$) zurückzuführen ist. Die gemessenen Verluste der Dünn- und Dickschichten sind bei 10 GHz und RT gleich groß und betragen etwa 10 %.

Weiterhin wird hier noch der in [107] definierte K-Wert (bzw. der commutation quality factor (CQF) in [84]) für BST60 bei 4 und 11,5 GHz und RT bei einem extern angelegten elektrischen Feld von $E = 15\,kV/mm$ angegeben, um einen besseren Vergleich mit den in weiteren Arbeiten über steuerbare Mikrowellendielektrika gewonnenen Ergebnissen zu ermöglichen. Dazu wird zunächst M_{max15} als Differenz zwischen der Permittivität $\epsilon_{r,0}$ und $\epsilon_{r,15}$ bezogen auf die Permittivität $\epsilon_{r,15}$ und die Verluste $\tan\delta_{15}$ definiert. Dabei ist $\epsilon_{r,0}$ die Permittivität ohne angelegtes Feld, und $\epsilon_{r,15}$ und $\tan\delta_{15}$ sind die Permittivität bzw. die Verluste mit angelegtem Feld $E = 15\,kV/mm$. $\sqrt{K}$ ergibt sich dann als der geometrische Mittelwert von M_{max} und M_{max15}:

$$\sqrt{K} = \sqrt{M_{max} \cdot M_{max15}} = \sqrt{\frac{(\epsilon_{r,0} - \epsilon_{r,15})^2}{\epsilon_{r,0} \cdot \epsilon_{r,15}} \cdot \frac{1}{\tan\delta_0 \cdot \tan\delta_{15}}} \qquad (7.4)$$

Mit Gl. 7.4 sollen auch die Verluste bei maximal angelegtem Feld berücksichtigt werden. Anstelle $\tan\delta_{15}$ wird in der Berechnung der Messwert für die Verluste bei $E = 1{,}36\,kV/mm$ verwendet. Der wahre Wert für $\tan\delta_{15}$ bei $E = 15\,kV/mm$ ist etwas kleiner und würde $\sqrt{K}$ noch vergrößern. Die resultierenden $\sqrt{K}$-Werte für BST60 bei 4 und 11,5 GHz sind $\sqrt{K_{4GHz}} = 14{,}1$ bzw. $\sqrt{K_{11,5GHz}} = 10{,}1$.

7.3. STEUERBARKEIT

Für Strontiumtitanat-Dünnschichten in supraleitenden Mikrowellen-Bauelementen bei 77 K wurden schon Werte von $\sqrt{K_{5GHZ}} > 45$ erreicht [3]. Sollen die nach [107] für die meisten technischen Anwendungen minimal erforderlichen Werte von $\sqrt{K} = 45$ auch für BST60-Dickschichten erreicht werden, müssen z.B. bei 11,5 GHz und RT die Verluste von 11,9 % auf etwa 2,5 % gesenkt werden, ohne dabei die Steuerbarkeit zu reduzieren. Auch durch eine Erhöhung des maximalen extern angelegten elektrischen Feldes von 15 auf 30 kV/mm könnte der Wert für $\sqrt{K}$ um 10 bis 20 % erhöht werden.

Um das Potential der verschiedenen Materialsysteme in der Anwendung in Phasenschiebern zu zeigen, wird aus den Materialparametern und den Formeln zur Berechnung der effektiven Permittivität $\epsilon_{r,eff}$ und der effektiven Verluste $\tan\delta_{eff}$ aus Abschn. 2.2.4.2 die maximale differentielle Phasenverschiebung und Dämpfung berechnet (Abschn. 2.2.5). Für die Berechnung der geometrieabhängigen Parameter $\epsilon_{r,eff}$ und $\tan\delta_{eff}$ werden die geometrischen Abmessungen des Resonators verwendet ($s = 500\,\mu$m, $g = 330\,\mu$m). Aus dem Quotienten der maximalen differentiellen Phasenverschiebung und Dämpfung wird die FoM berechnet (siehe Abschn. 2.2.5). Die Ergebnisse der für die verschiedenen Materialsysteme bei unterschiedlichen Hochfrequenzen berechneten FoM ist in Tab. 7.2 zusammengefasst.

Tabelle 7.2: FoM der untersuchten Materialien bei verschiedenen Frequenzen ($E_{max} = 1{,}36\,kV/mm$)

Material	Frequenz in GHz	Temperatur bei FoM$_{max}$	$\Delta\phi_{max}$ in °/m	α_{max} in dB/m	FoM$_{max}$ in °/dB	FoM bei RT in °/dB
BST60	4	30 °C	105,3	22,3	4,7	4,6
	8	30 °C	220,7	53,5	4,1	4,0
	11,5	30 °C	277,6	82,2	3,4	3,3
ATN80	3,5	15 °C	382,6	56,9	6,7	6,2
	7,0	15 °C	656,5	162,6	4,0	3,9
	10,5	30 °C	520,1	239,9	2,1	2,2
ATN90	4	60 °C	45,5	17,0	2,7	2,6
	9	45 °C	47,6	34,5	1,1	1,4
	12	30 °C	5,1	48,8	0,5	0,5

Vergleicht man Tab. 7.2 mit Tab. 7.1, so ist qualitativ nur ein geringer Unterschied zwischen M und der FoM zu erkennen. Somit wäre ein bezüglich M für Raumtemperatur optimiertes Material ebenso für die Verwendung in einem in koplanarbauweise erstellten Wellenleiter optimiert. Lediglich der quantitative Wert der FoM ist durch die Änderung der Abmessungen der Innenleiterbreite, der Spaltbreite und der Dickschichthöhe zu beeinflussen.

Zusammenfassend lässt sich hervorheben, dass der wichtigste Hebel zur Steigerung von M und somit auch der FoM die Herabsenkung der Verluste $\tan\delta$ ist. Sowohl eine Erhöhung der angelegten Feldstärke als auch eine Optimierung der Strukturabmessungen spielen in der Verbesserung des Gesamtsystems nur eine sekundäre Rolle. Anschließende Arbeiten sollten sich daher auf ein besseres Verständnis der Verlustmechanismen konzentrieren, um eine Basis zu schaffen Möglichkeiten zu einer Optimierung der Verlusteigenschaften zu finden.

Da BST60-Dickschichten zwischen 8 und 12 GHz die höchsten M-Werte und die höchste FoM aufweisen wird BST60 verwendet, um die im folgenden Abschnitt beschriebenen Phasenschieber herzustellen.

Kapitel 8

Potential der Dickschicht beim Einsatz in Phasenschiebern

Um das Potential polykristalliner Dickschichten im Einsatz als steuerbare Dielektrika abschätzen zu können, wurden im Laufe dieser Arbeit Phasenschieber hergestellt und charakterisiert. Es werden Modelle zur Optimierung der Phasenschieber in Abhängigkeit der dielektrischen Dickschichteigenschaften vorgestellt. Weiterhin werden die Messergebnisse mit Phasenschiebern verglichen und bewertet, die mit anderen Technologien wie Halbleiter, Ferriten und Dünnschichten hergestellt wurden.

8.1 Konzeption der Phasenschieber

Phasenschieber ermöglichen eine Verschiebung der Phase einer in das Bauteil einlaufenden Welle zu derjenigen der auslaufenden Welle. Dies kann durch eine Drehung der Phase oder durch die Verzögerung der Welle auf der Leitung (Verzögerungsleitung, auch True-Time-Delay, TTD, genannt) erreicht werden [63]. Die Verzögerungsleitung ist laut [63] der anderen Phasenschiebervariante überlegen, da auch für eine geringe Steuerbarkeit des Materials eine hohe Phasenverschiebung erreicht werden kann. Zusätzlich ermöglicht sie eine Phasenverschiebung größer 360°. Die in dieser Arbeit realisierten Phasenschieber sind daher als Verzögerungsleitungen konzipiert.

An die Phasenschieber werden folgende Anforderungen gestellt:

- Gute Anpassung der Eingänge an 50 Ω (Hohe Reflexionsdämpfung)
- Große differentielle Phasenänderung
- Unempfindlichkeit der Übertragungseigenschaften (Transmission, Reflexion) bei Variation der Permittivität des steuerbaren Dielektrikums (Eignung der Schaltung als Teststruktur für neue Materialien)
- Möglichkeit zur Anpassung des Entwurfs an Änderungen des Arbeitsfrequenzbereich und der Permittivität (Aufstellen von Entwurfsregeln)

Der Anwender fordert eine möglichst hohe Figure of Merit (FoM), die aus dem Quotienten der maximalen differentiellen Phasenverschiebung und der intrinsischen Dämpfung der Schaltung gebildet wird (siehe Abschn. 2.2.5). Die FoM hängt im Wesentlichen von den Materialeigenschaften des verwendeten steuerbaren Dielektrikums ab. In dieser Arbeit wird eine deutlich messbare differentielle Phasenverschiebung gefordert, anhand derer sich die Eignung des Material für die Anwendung in steuerbaren Komponenten beurteilen lässt. Als steuerbares Dielektrikum wird BST60 verwendet, das sich in Abschn. 7.3 als Material mit den günstigsten dielektrischen Eigenschaften herausgestellt hat. In Tabelle 8.1 sind die Materialparameter aufgeführt, von denen beim Entwurf des Phasenschiebers ausgegangen wurde. Die maximale elektrische Durchschlagsfeldstärke in Luft beträgt für die realisierten Elektrodenabstände von 50 bis $100\,\mu$m mehr als $10\,\text{kV/mm}$ (siehe auch [65]) und ist somit höher als die der CPW-Resonatoren. Daher lassen sich bei den Phasenschiebern höhere elektrische Feldstärken anlegen. Die zu erwartenden Werte für die Permittivität und die Steuerbarkeit der BST60-Schicht für ein maximales erzeugtes Steuerfeld von $7\,\text{kV/mm}$ werden mit Hilfe des in Abschn. 6.1 vorgestellten Modells berechnet.

Tabelle 8.1: Materialparameter für den Phasenschieberentwurf

	E_{max}=0 kV/mm	E_{max}=1,36 kV/mm	E_{max}=7 kV/mm
$Ba_{0,6}Sr_{0,4}TiO_3$-	ϵ_r=244	ϵ_r=230	ϵ_r=129
Dickschicht	$\tan\delta = 11,9\,\%$	$\tan\delta = 10,8\,\%$	-
		$\tau = 5,7\,\%$	$\tau = 47\,\%$

Die Werte für BST sind bei RT gemessen und für die Steuerfeldstärke von $7\,\text{kV/mm}$ mit Hilfe des in Abschn. 6.1 vorgestellten Modells berechnet. Weitere Parameter sind die Schichtdicke der Dickschicht $h_2 = 4\,\mu$m, die Dicke des Al_2O_3-Substrats $h_1 = 635\,\mu$m, die Dicke der Goldelektrode $h_{Au} = 3\,\mu$m, die Permittivität $\epsilon_1 = 10,1$ und die Verluste $\tan\delta_2 = 0,0002$ des Substrats und die Leitfähigkeit der Goldelektrode $\sigma = 41 \cdot 10^6\,\text{S/m}$.

Das Design des Phasenschiebers kann in drei Funktionseinheiten unterteilt werden (siehe Bild 8.1). Die differentielle Phasenänderung wird durch die Steuerung des Kapazitätsbelags der Leitung erzeugt. Dies ist die Aufgabe der ersten Funktionseinheit, die hier Aktive Zone (1) genannt wird. An sie schließen sich beidseitig Impedanztransformatoren (2) an. Diese sollen den mit der Steuerspannung variierenden Wellenwiderstand der Aktiven Zone an das äußere $50\,\Omega$-Leitungssystem möglichst reflexionsarm anpassen. Zur Isolation der Schaltungstore gegenüber der Steuerspannung von mehreren $100\,\text{V}$ sind DC-Entkoppler (3) notwendig. Im Messaufbau besteht ihre Aufgabe in dem Schutz der spannungsempfindlichen Ports des vektoreriellen Netzwerkanalysators (VNWA), in der Anwendung in Phased-Array Antennen in dem Schutz nachfolgender Verstärker- bzw. Filterbaugruppen.

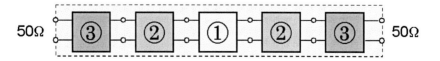

Bild 8.1: Blockschaltbild des Phasenschiebers aus Aktiver Zone (1), Impedanztransformator (2) und DC-Entkoppler (3)

8.1. KONZEPTION DER PHASENSCHIEBER

Beim Entwurf der im Zusammenhang mit dieser Arbeit betreuten Diplomarbeit [43] entwickelten und patentierten Phasenschieber [127] werden zwei unterschiedliche Konzepte berücksichtigt, die in der aktuellen Literatur erfolgversprechend diskutiert werden. Der in [32, 50, 113, 119] beschriebene Weg der homogenen CPW auf steuerbarer dielektrischen Schicht wird im ersten Phasenschieberentwurf (PS-1) implementiert und wird aufgrund der ausführlichen Diskussion in der Literatur im folgenden als konventionelles Design bezeichnet. Das zweite Konzept (PS-2) beruht auf dem Prinzip der periodischen Strukturen [7, 76] und wird hier als Design mit diskreten Elementen bezeichnet (Distributed Phase-Shifter). In den nächsten Abschnitten werden die Funktionseinheiten der Phasenschieber einzeln diskutiert.

8.1.1 Aktive Zone

Konventionelles Design

Die Funktionsweise des konventionellen Designs ist in Abschn. 2.2.5 beschrieben. Wie im Fall des Resonators wird zwischen dem Innenleiter der CPW und den Masseelektroden eine Steuerspannung angelegt, die im Spalt der CPW eine hohe Feldstärke erzeugt. Um einerseits die maximale Steuerspannung möglichst niedrig zu halten, und andererseits einen möglichst hohen Wellenwiderstand zur reflexionsarmen Anpassung zu erzielen, wird die CPW-Struktur mit $2s = 120\,\mu m$ und $g = 80\,\mu m$ realisiert. Der Wellenwiderstand Z_L variiert dann zwischen $36\,\Omega$ und $42\,\Omega$ bei einer angelegten maximalen Spannung von $560\,V$ ($E_{max} = 7\,kV/mm$). Die maximale differentielle Phasenverschiebung berechnet sich dann zu $68°/cm$ und die Dämpfung zu $2{,}4\,dB/cm$. Daraus folgt für die FoM ein Wert von $28°/dB$.

Design mit diskreten Elementen

Das Phasenschieberdesign mit diskreten Elementen basiert auf dem Prinzip der periodisch belasteten Leitung. Diese besteht aus einer hochohmigen Leitung, die im Abstand l_s periodisch mit diskreten Varaktoren belastet wird (siehe Bild 5.2). Ist der Abstand der Varaktoren deutlich kleiner als die Leitungswellenlänge ($l_s \ll \lambda$), so kann man sich die Belastung als eine äquivalente Erhöhung der Leitungskapazität vorstellen.

Setzt man die diskreten Leitungsgrößen aus Bild 8.2 b) in Gl. 2.56 und 2.57 ein, können die spannungsabhängigen Leitungsparameter des synthetischen Wellenleiters angegeben werden:

$$Z_L(U) = \sqrt{\frac{L_i'}{C_i' + C_{var}(U)/l_s}} \qquad v_{ph}(U) = \frac{1}{\sqrt{L_i'(C_i' + C_{var}(U)/l_s)}} \qquad (8.1)$$

In Gl. 8.1 sind L_i' und C_i' die Beläge der hochohmigen Leitung und $C_{var}(U)$ die spannungsabhängige Varaktorkapazität.

Ein Vorgehen für den Entwurf eines Phasenschiebers mit verteilten Kapazitäten ist in [76] beschrieben. Ausgegangen wird von einem Ladefaktor

$$x = \frac{C_{var}^{max}/l_s}{C_i'} \qquad (8.2)$$

der das Verhältnis der kapazitiven Belastung zum Kapazitätsbelag der unbelasteten hochohmigen Leitung angibt. Für einen Wellenwiderstand der synthetischen Leitung von $50\,\Omega$ gilt für den Wellenwiderstand der hochohmigen Leitung

$$Z_i = Z_L\sqrt{1+x} = 50\,\Omega \cdot \sqrt{1+x} \qquad (8.3)$$

102 KAPITEL 8. POTENTIAL DER DICKSCHICHT BEIM EINSATZ IN PHASENSCHIEBERN

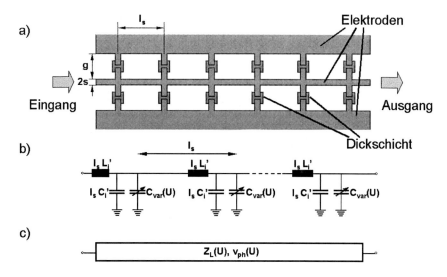

Bild 8.2: Periodisch belastete Leitung
a) Struktur (Aufsicht)
b) Ersatzschaltbild mit diskreten Leitungsgrößen:
 - l_s Abstand der Varaktoren
 - L'_i Induktivitätsbeläge der hochohmigen Leitung
 - C'_i Kapazitätsbeläge der hochohmigen Leitung
 - $C_{var}(U)$ Spannungsabhängige Varaktorkapazität
c) Synthetisches Leitungsmodell mit spannungsabhängigen Größen (gültig für $\lambda \gg s$):
 - $Z_L(U)$ Reeller Wellenwiderstand der Leitung
 - $v_{ph}(U)$ Phasengeschwindigkeit auf der Leitung

Die Wahl des Ladefaktors x beeinflußt nach [76] einerseits die erreichbare differentielle Phasenverschiebung pro Einheitszelle und damit für eine gewünschte Phasenverschiebung die Anzahl n der in Reihe geschalteten Zellen, andererseits aber auch die auftretende Leitungsdämpfung durch die Festlegung von Z_i in Gl. 8.3. Größere Ladefaktoren führen zu CPW-Strukturen mit sehr kleiner Innenleiterbreite $2s$ und damit höherer Leitungsdämpfung. Kleinere Ladefaktoren benötigen sehr kleine maximale Kapazitätswerte $C_{var}^{max} = C_{var}(U=0)$, die technologisch schwer herzustellen sind. Außerdem steigt in diesem Fall die Anzahl n der Zellen stark an. Die Ermittlung des Optimums für x erfordert nach [7,76] die exakte Kenntnis der Phasenverschiebung und der Dämpfung der belasteten Leitung.

Für den hier durchgeführten Entwurf werden die Parameter statt dessen unter Berücksichtigung der technologisch vorgegebenen Grenzen ermittelt. Daher wurde eine CPW-Struktur mit $2s = 200\,\mu\text{m}$ und $g = 830\,\mu\text{m}$ gewählt, wodurch ein Wellenwiderstand der hochohmigen Leitung von $Z_i = 100\,\Omega$ und ein Ladefaktor von $x = 3$ festgelegt ist.

Als nächstes wird zur Bestimmung von l_s die Bragg-Frequenz festgelegt. Die Bragg-Frequenz kennzeichnet die unterste Grenzfrequenz, bei der in einer periodischen Struktur eine vollständige Refle-

8.1. KONZEPTION DER PHASENSCHIEBER

xion der Welle auftritt. Sie muss daher ausreichend weit oberhalb des Arbeitsfrequenzbereichs liegen. Nach [76] lautet die Gleichung zur Berechnung der Bragg-Frequenz f_{Bragg} für eine periodisch belastete Leitung:

$$f_{Bragg} = \frac{1}{\pi \sqrt{l_s \cdot L_i'(l_s \cdot C_i' + C_{var})}} \quad (8.4)$$

mit

$$L_i' = \frac{Z_i}{v_i} \quad und \quad C_i' = \frac{1}{Z_i \cdot v_i} \quad (8.5)$$

(v_i = Phasengeschwindigkeit der hochohmigen Leitung). Wie aus Gl. 8.4 zu entnehmen ist, ist f_{Bragg} dann minimal, wenn C_{var} maximal ist. Daher wird zur Berechnung der Bragg-Frequenz die maximale Varaktorkapazität C_{var}^{max} verwendet.

In dieser Arbeit wird $f_{Bragg} = 26\,\text{GHz}$ gewählt, was in etwa dem 2,5-fachen der Anwendungsfrequenz entspricht. Durch Umformen von Gl. 8.4 und Einsetzen von Gl. 8.2 führt dies auf eine Einheitszellenlänge von

$$l_s = \frac{c_0}{\pi \sqrt{\epsilon_{r,effi}} f_{Bragg} \sqrt{1+x}} = 850\,\mu\text{m} \quad . \quad (8.6)$$

Die effektive Permittivität der hochohmigen Leitung $\epsilon_{r,effi}$ ergibt sich aus quasi-statischer Rechnung zu 4,68. Damit berechnet man aus Gl. 8.2 und Abschn. 2.2.4.1 den Wert für die maximale Varaktorkapazität zu $C_{var}^{max} = 184\,\text{fF}$.

Untersuchungen in [43] zeigten für das in Bild 8.3 wiedergegebene Design einer Varaktorstruktur auf einer Dickschicht die besten Ergebnisse. Der Varaktor soll die Kapazität $\frac{1}{2} \cdot C_{var}^{max} = 92\,\text{fF}$ aufweisen, wobei der Faktor $\frac{1}{2}$ die symmetrische Belastung der CPW durch Varaktoren in beiden Spalten berücksichtigt. Der Abstand zwischen den Elektroden des Varaktors wird auf $50\,\mu\text{m}$ festgelegt.

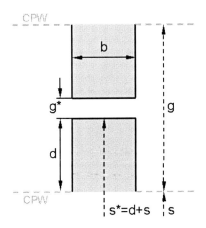

Bild 8.3: Varaktorstrukturen: Verengung der CPW auf s*/g* (äußere CPW-Struktur gestrichelt angedeutet)

Wird die Kapazität mit der Berechnung des Kapazitätsbelags der verengten CPW mit $s* = 490\,\mu\text{m}$ und $g* = 50\,\mu\text{m}$ nach [33, 36] (siehe auch Abschn. A.1.1) abgeschätzt und mit der Breite b der Verengung multipliziert, ergeben sich aufgrund der nicht berücksichtigten Streukapazität seitlich der

Varaktoren zu kleine Kapazitäten. Berechnet man aus diesen Ergebnissen die Breite der Varaktoren für die gewünschte Kapazität von 92 fF folgen zu große Werte für die Breite b der Elektroden (200 μm bis 220 μm [43]).

Die Leistungsfähigkeit des Phasenschiebers hängt von der korrekten kapazitiven Belastung der CPW ab. Daher wird eine aktive Zone mit 10 Elementarzellen nach Bild 8.4 simuliert. Um die Streukapazität zu berücksichtigen, wird als Breite $b = 100$ μm gewählt. Die Anpassung an die Anschlüsse erfolgt durch einen abrupten Übergang auf eine homogene 50 Ω-Leitung.

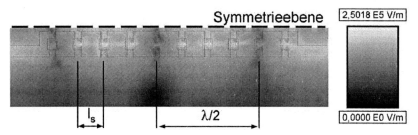

Bild 8.4: *Simulation der Feldverteilung der periodisch belasteten CPW (halbierte CPW-Struktur). Simulationsmodell gestrichelt angedeutet.*

Aus dem in Bild 8.4 dargestellten Feldbild kann für die Wellenlänge auf der synthetischen Leitung $\lambda \approx 6{,}9$ mm bei 10 GHz abgelesen werden, das entspricht $\epsilon_{r,eff} \approx 18{,}9$. Aus Gl. 8.3 und Gl. 2.59 lässt sich damit ein Wert für x von

$$x = \frac{\epsilon_{r,eff}}{\epsilon_{r,effi}} = \frac{18{,}9}{4{,}68} - 1 = 3{,}0 \tag{8.7}$$

ableiten. Dieser Wert entspricht nach Gl. 8.2 dem Wert für $C_{var}^{max} = 184\,fF$.

Anhand der Gleichungen in [76] können die differentielle Phasenverschiebung $\Delta\Phi$ und die ohmsche Längsdämpfung auf der periodisch belasteten CPW berechnet werden. Beschreibt man die dielektrischen Verluste des Varaktors durch einen parallel zur Varaktorkapazität liegenden Wirkleitwert $G = \omega C_{var} tan\delta_{var}$, so lassen sich mit dem zweiten Term der Gl. 8.9 auch die dielektrischen Verluste berücksichtigen (siehe auch [118]). Der Verlustfaktor $tan\delta_{var}$ als Kehrwert der Varaktorgüte lässt sich durch quasi-statische Berechnung der verengten CPW-Struktur nach Abschn. 2.2.4.2 abschätzen.

$$\Delta\Phi = 360° \frac{f\sqrt{\epsilon_{r,effi}}}{c_0} \left(\sqrt{1+x} - \sqrt{1+xy}\right) \tag{8.8}$$

$$\alpha = \alpha_{\|,i} \frac{Z_i}{Z_L} + 8{,}686 \frac{G'}{2} Z_L = \alpha_{\|,i} \frac{Z_i}{Z_L} + 8{,}686 \frac{\omega C_{var} tan\delta_{var}}{2 l_s} Z_L \tag{8.9}$$

In Gl. 8.8 ist $y = C_{var}^{min}/C_{var}^{max}$ das Verhältnis von minimaler zu maximaler Varaktorkapazität. Z_i, $\epsilon_{r,effi}$ und $\alpha_{\|,i}$ sind die Parameter der hochohmigen Leitung.

Mit der quasi-statischen Berechnung der Varaktorkapazität wird das Verhältnis y zu etwa 0,66 bei $E_{max} = 7$ kV/mm abgeschätzt. Die differentielle Phasendrehung lässt sich damit für den vorgeschlagenen Entwurf mit 71°/cm abschätzen (entspricht etwa 12 Einheitszellen), der Dämpfungsbelag mit 2,1 dB/cm. Der Wellenwiderstand variiert zwischen 50 Ω (0 V/mm) und 48 Ω (7 kV/mm).

8.1.2 Impedanztransformation

Ein Impedanztransformator dient einer möglichst reflexionsarmen Verbindung von Leitungen mit verschiedenen Wellenwiderständen. Von Leistungsanpassung spricht man, wenn der Impedanztransformator so ausgelegt ist, dass die übertragene Leistung maximiert wird. An einer beliebigen Referenzebene in der Schaltung müssen dafür die Beträge der auf diese Referenzebene transformierten Quellen- und Lastimpedanz gleich sein.

Es gibt grundsätzlich zwei Möglichkeiten, Leitungen mit unterschiedlichen Wellenwiderständen Z_{L1} und Z_{L2} aneinander anzupassen. Die erste Möglichkeit stellt eine Transformation mit einem Leitungsstück der Länge $\lambda/4$ und dem Wellenwiderstand $Z_{L\lambda/4} = \sqrt{Z_{L1} Z_{L2}}$ dar. Diese sogenannte $\lambda/4$-Transformation wird häufig angewandt, ist aber aufgrund der von der Wellenlänge abhängigen Transformatorlänge schmalbandig. Die zweite Möglichkeit besteht in der allmählichen Angleichung der unterschiedlichen Dimensionen der Wellenleiter mit Z_{L1} und Z_{L2} über mehrere Wellenlängen in stufiger oder kontinuierlicher Form (englisch: Taper). In der Literatur werden verschiedene Wellenwiderstandsprofile $Z_L(z)$ über der Ausbreitungsrichtung z diskutiert [20,128]. Mit dieser Methode lassen sich sehr breitbandige Übergänge mit gutem Reflexionsverhalten erreichen. Nachteilig ist jedoch der wesentlich größere Platzbedarf des Transformators mit der Länge $L \gg \lambda$.

Für den Entwurf beider Phasenschieber wird die zweite Variante des allmählichen Übergangs und ein lineares Wellenwiderstandsprofil gewählt. Aufgrund der technologisch vorgegebenen Gesamtlänge der Schaltungen wird jedoch die Bedingung $L \gg \lambda$ missachtet und Transformatorlängen in der Größenordnung der Wellenlänge realisiert. Die dadurch erhöhte Reflexion erweist sich in der Simulation als unterhalb der Rechengenauigkeit. Bei der Anpassung ist der hier vorliegende Fall des mit der Steuerspannung variierenden Wellenwiderstands $Z_L(U)$ der Aktiven Zone von Bedeutung. Das steuerbare Dielektrikum wird daher auch in den Transformatoren eingesetzt, um eine variable Anpassung zu bewirken.

8.1.2.1 Anpassung an das konventionelle Design

Es ist eine Anpassung von $Z_{L1} = 50\,\Omega$ an die Aktive Zone mit $Z_{L3}(U)$ zwischen 32 und 36 Ω durchzuführen. Dies wird in zwei Schritten erreicht. Zuerst erfolgt eine Aufweitung der CPW-Struktur der Aktiven Zone auf eine CPW-Struktur mit $2s = 800\,\mu m$ und $g = 350\,\mu m$. Die Steuerfeldstärke im Spalt reduziert sich damit um den Faktor $\frac{1}{3,5}$. Der Wellenwiderstand $Z_{L2}(U)$ variiert nur noch zwischen 40 und 40,5 Ω. Der gestufte Übergang und die Belastung der einzelnen Stufen mit Varaktoren nach dem Prinzip der periodisch belasteten Leitung erweist sich aufgrund der Simulationsergebnisse hinsichtlich der erreichten Reflexion von |S11| < -30 dB für 6 GHz < f < 15 GHz und der Unempfindlichkeit gegenüber der Permittivität ϵ_2 als der vorteilhafteste Entwurf [43]. Dieses Verfahren wird daher in dieser Arbeit verwendet.

Der verwendete Impedanztransformator ist in Bild 8.5 dargestellt. Der auf der linken Seite befindliche Eingang des Impedanztransformators weist einen Wellenwiderstand von 50 Ω auf. Durch drei Stufen der Länge 800 μm wird zunächst der Wellenwiderstand auf 42 Ω verkleinert. Im Bereich der Stufen ist der Wellenwiderstand durch das extern angelegte elektrische Feld kaum steuerbar. Die mittels Simulation (Port-Only-Solution, HFSS) und anschließende Berechnung in [43] ermittelten Werte für die geometrischen Abmessungen der Streifen sind in Tab. 8.2 aufgeführt. Anschließend folgt die Reduzierung der Spaltbreite zur weiteren Reduzierung des Wellenwiderstandes. Durch

106 KAPITEL 8. POTENTIAL DER DICKSCHICHT BEIM EINSATZ IN PHASENSCHIEBERN

die Reduzierung des Spalts steigt die Abhängigkeit des Wellenwiderstands vom extern angelegten elektrischen Feld, bis am Ausgang des Impedanztransformators die Steuerbarkeit und auch der Wellenwiderstand dem der Aktiven Phase gleicht.

Tabelle 8.2: Abmessungen des dreistufigen Transformators für PS-1. Die Länge der Stufen beträgt 800 µm

i	s in µm	g in µm	b in µm
1	625	350	120
2	550	350	260
3	475	350	450

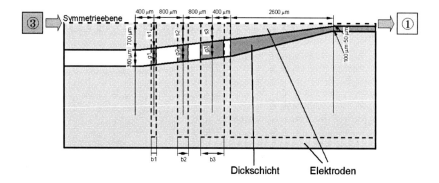

Dickschicht Elektroden

Bild 8.5: Realisierter Impedanztransformator für PS-1. Die unterhalb der Elektroden befindliche Dickschicht ist gestrichelt angedeutet. (1) bezeichnet die an den Impedanztransformer angeschlossene Aktive Zone, (3) bezeichnet den DC-Entkoppler

8.1.2.2 Anpassung an die periodisch belastete Leitung

Nach [20] kann die Anpassung an eine periodische Struktur mit einem $\lambda/4$-Transformator oder mit einer allmählichen Zurücknahme der kapazitiven Belastung der Leitung erfolgen. Hier wird der allmähliche Übergang mit vier Stufen der Länge $l_s = 850\,\mu\text{m}$ realisiert. Der Unterschied zu dem Entwurf im vorherigen Abschnitt liegt in der Verwendung der in Bild 8.3 gezeigten Struktur für die Varaktoren. Die Berechnung dieser Struktur mit quasi-statischen Methoden führt, wie in Abschn. 8.1.1 schon angesprochen, auf wesentlich zu kleine Kapazitätswerte. Die Simulation einer periodisch belasteten Leitung zur Ermittlung der belastenden Varaktorkapazität, wie sie in Abschn. 8.1.1 durchgeführt wird, müsste hier für jede Transformatorstufe durchgeführt werden. Dieser Weg erfordert sehr lange Rechenzeiten. Daher wird in [43] zur Dimensionierung der Varaktoren ein Simulationsmodell für einen einzelnen Varaktor angewendet (Bild 8.6).

Aus der Reflexionsdämpfung $r = |S11|$ der Struktur kann für ausreichend niedrige Frequenzen die statische Kapazität mit

$$C_{var} = -\frac{1}{\omega \text{Im}\{Z_e\}} \quad mit \quad Z_e = \frac{1+r}{1-r} Z_0 \tag{8.10}$$

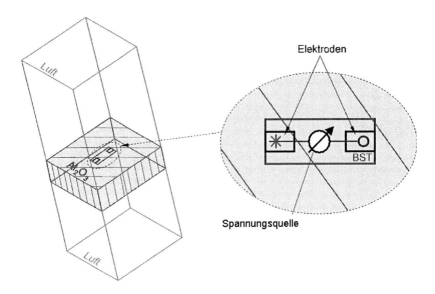

Bild 8.6: *Simulationsmodell zur Bestimmung der diskreten Varaktorkapazität.*

abgeschätzt werden. Hierbei ist Z_e der Eingangswiderstand des Eintores und Z_0 der Bezugswiderstand von 50 Ω.

In Tab. 8.3 sind die Werte des realisierten Transformators für PS-2 und der Schnittstellen zu den angrenzenden Schaltungsteilen aufgeführt. Alle Leitungsparameter wurden dabei durch Simulation mit HFSS (Port-Only-Solution) bestimmt. In Bild 8.7 ist die Struktur des Transformators abgebildet.

Tabelle 8.3: *Zwischenwerte und Abmessungen des Impedanztransformators für PS-2, d_i: Spaltbreiten der Varaktoren; s_i, g_i: Parameter der Koplanarleitungsstruktur.*

i	d in μm	s in μm	g in μm
Port1	-	700	360
1	150[1)]	580	450
2	300	460	545
3	175	340	640
4	90	220	735
Port2	50	100	830

[1)] Keine Verengung der CPW, statt dessen reduzierte Breite der BST-Schicht auf 150 μm.

8.1.3 DC-Entkopplung

Die Anforderungen an DC-Entkoppler sind eine möglichst dämpfungsfreie Übertragung der HF-Welle, eine große Bandbreite und moderater Platzbedarf. Die Struktur soll als Unterbrechung des Innenleiters realisiert werden. Für die DC-Entkopplung wurde aufgrund der Simulationsergebnisse

108　KAPITEL 8. POTENTIAL DER DICKSCHICHT BEIM EINSATZ IN PHASENSCHIEBERN

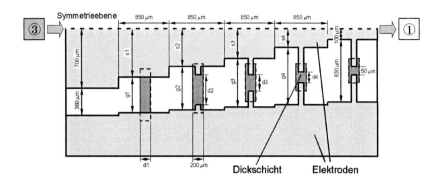

Bild 8.7: Struktur des Impedanztransformators für PS-2. Die unterhalb der Elektroden befindliche Dickschicht ist gestrichelt angedeutet. (1) bezeichnet die an den Impedanztransformer angeschlossene Aktive Zone, (3) bezeichnet den DC-Entkoppler

(HFSS) in [43] der gerade $\lambda/4$-Leitungskoppler (englisch: Open-End-Series Stub, OESS) verwendet (Bild 8.8).

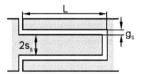

Bild 8.8: DC-Entkopplung durch Unterbrechung der Innenleitung der CPW (Gerader OES Stub)

Beim OESS ist der Innenleiter der CPW durch eine an einem Ende leerlaufende CPW-Struktur unterbrochen. Damit ergibt sich ein Bandpassverhalten, dessen Mittenfrequenz von der Länge und dessen Bandbreite von den Abmessungen der inneren CPW-Struktur abhängt. Für beide Phasenschieberkonzepte wird aufgrund der Simulationsergebnisse ein OESS mit $s_1/g_1 = 700/360\,\mu\text{m}$, $s_s/g_s = 190/150\,\mu\text{m}$ und $L = 3\,\mu\text{m}$ realisiert. Er weist eine Reflexionsdämpfung von $|S11| = -17{,}2dB$ bei $f = 10\,\text{GHz}$ und eine Bandbreite von 5,7 GHz auf. Da die Abmessung von g_s größer ist als der kleinste Abstand des Innenleiters zur Masse in der Aktiven Zone, ist bei genügend genauer Fertigung ein elektrischer Durchbruch bei DC-Entkopplung unwahrscheinlich.

8.1.4　Struktur der Phasenschieber

Die Gesamtstruktur der beiden Phasenschieberkonzepte und die Zuordnung der Schaltungsteile zu den einzelnen Funktionseinheiten ist in Bild 8.9 gezeigt. In Anhang D sind die Layouts und die hier nicht angegebenen Abmessungen der Phasenschieber dargestellt.

8.2. MESSERGEBNISSE PHASENSCHIEBER

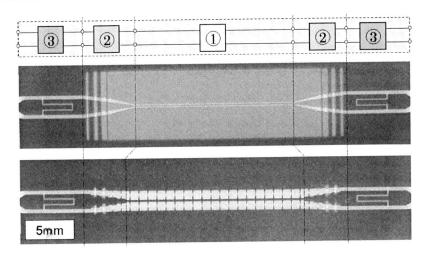

Bild 8.9: *Aufnahmen der hergestellten Phasenschieber; Oben: Funktionseinheiten; Mitte: Konventionelles Design, Unten: Design mit diskreten Elementen [43]*

8.2 Messergebnisse Phasenschieber

Im folgenden sind die Ergebnisse aus der Vermessung der zwei in Abschn. 8.1 beschriebenen Phasenschieber aufgeführt. Zunächst wird auf die Vermessung des konventionellen Phasenschiebers eingegangen. Bild 8.10 zeigt die Beträge der S-Parameter in Abhängigkeit von der Frequenz. Der Frequenzbereich der Messung beträgt 8,5 GHz bis 11,5 GHz. Zwischen dem Verlauf von $|S_{11}|$ und $|S_{22}|$ ist ein starker Unterschied zu erkennen. Er entstammt aus einer Unsymmetrie des Bauteils durch die Steuerspannungszuleitung, die in der Nähe einer der DC-Entkopplungen angebracht ist. In Bild 8.11 ist die Phase des S_{21}-Parameters (Transmissionsparameter) dargestellt, wobei die angelegte Steuerspannung variiert wurde. Die aus der Variation der Phase folgende differentielle Phasenänderung zeigt Bild 8.12. Die maximal angelegte Steuerspannung von 480 V entspricht einer maximalen Steuerfeldstärke von 6 kV/mm. Ein elektrischer Durchbruch erfolgte bei etwa 8 kV/mm.

Die Ergebnisse des Phasenschiebers mit diskreten Elementen zeigen Bild 8.13 bis Bild 8.15. In Bild 8.13 sind die Beträge der S-Parameter über der Frequenz aufgetragen. Die Phase des S_{21}-Parameters ist in Bild 8.14 dargestellt, wobei die angelegte Steuerspannung hier zwischen 0V und 150 V variiert wurde. Lichtmikroskopischen Aufnahmen (Bild 8.16) zeigen eine Schwankung der Spaltbreite zwischen den Varaktorelektroden von außen zur Mitte von 65 μm bis 35 μm (Sollwert ist 50 μm). Es wird daher der Mittelwert von 50 μm als Spaltbreite genommen, was auf eine maximale Steuerfeldstärke von 3 kV/mm führt. Ein elektrischer Durchbruch erfolgte bei etwa 5,5 kV/mm. Die aus der Variation der Phase folgende differentielle Phasenänderung zeigt Bild 8.15.

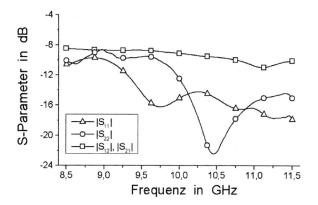

Bild 8.10: Betrag der S-Parameter des konventionellen Phasenschiebers über einem Frequenzbereich von 8,5 bis 11,5 GHz (RT).

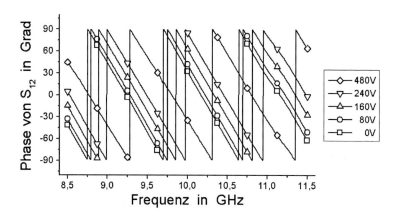

Bild 8.11: Phase des S_{12}-Parameters des konventionellen Phasenschiebers. Variation der Steuerspannung von 0 bis 480 V (RT).

8.2. MESSERGEBNISSE PHASENSCHIEBER

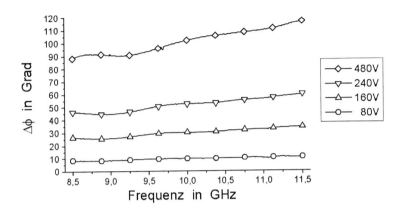

Bild 8.12: *Differentielle Phasenänderung des konventionellen Phasenschiebers. Variation der Steuerspannung von 0 bis 480 V (RT).*

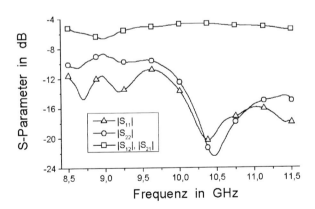

Bild 8.13: *Betrag der S-Parameter des Phasenschiebers mit diskreten Elementen über einem Frequenzbereich von 8,5 bis 11,5 GHz (RT).*

112 KAPITEL 8. POTENTIAL DER DICKSCHICHT BEIM EINSATZ IN PHASENSCHIEBERN

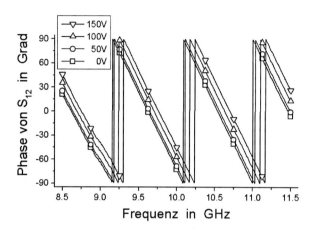

Bild 8.14: *Phase des S_{12}-Parameters des Phasenschiebers mit diskreten Elementen. Variation der Steuerspannung von 0 bis 150 V (RT).*

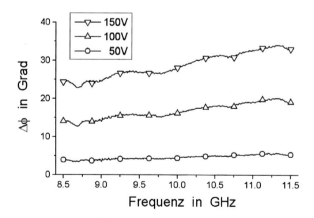

Bild 8.15: *Differentielle Phasenänderung des Phasenschiebers mit diskreten Elementen. Variation der Steuerspannung von 0 bis 150 V (RT).*

8.3. BEWERTUNG DER PHASENSCHIEBER

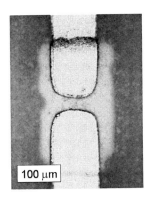

Bild 8.16: Aufnahme eines Varaktors des Phasenschiebers mit diskreten Elementen.

Die Leistungswerte der Phasenschieber sind in Tab. 8.4 für 9, 10 und 11 GHz angegeben. Dabei sind der Betrag des Reflektionsfaktors $|S_{11}|$ bei 0 V, der Transmissionskoeffizient bzw. die Dämpfung $|S_{12}|$ bei 0 V und die maximale differentielle Phasenänderung $\Delta\Phi$ aufgeführt. Für die Berechnung der FoM benötigt man die intrinsische Dämpfung $\alpha_{intrinsisch}$ der Phasenschieber, die ausschließlich die intrinsischen Verluste der Schaltungen ohne die Reflektionsverluste beinhaltet. Für diese gilt nach [113]

$$\frac{\alpha_{intrinsisch}}{\text{dB}} = -10 \cdot \log\left(|S_{11}|^2 + |S_{12}|^2\right) \quad . \tag{8.11}$$

In Tab. 8.4 wird auch der Leistungswert des gesamten Bauteils FoM_{ges} gezeigt, der die Reflexionsverluste beinhaltet. Dabei muss beachtet werden, dass in Tab. 8.4 PS-2 das selbe elektrische Feld $E = 3\,\text{kV/mm}$ bei nur 63 % der an PS-1 angelegten Spannung erreicht wird. Dies für die Anwendung von Bedeutung, da die angelegte elektrische Spannung möglichst gering gehalten werden soll.

Tabelle 8.4: Gemessene Leistungswerte der Phasenschieber nach dem konventionellen Design (PS-1) bei RT und dem Design mit diskreten Elementen (PS-2) bei RT für $E = 3\,\text{kV/mm}$.

	f in GHz	$|S_{11}|$ in dB	$|S_{12}|$ in dB	$\Delta\Phi$ in °	$\alpha_{intrinsisch}$ in dB	FoM in °/dB	FoM_{ges} in °/dB
PS-1	9	10,0	8,7	44,9	6,3	7,1	5,2
	10	15,1	9,1	52,4	8,1	6,5	5,8
	11	16,7	10,7	56,3	9,7	5,8	5,3
PS-2	9	12,3	6,4	24,7	5,4	4,6	3,9
	10	13,9	4,8	28,0	4,3	6,5	5,8
	11	16,1	5,0	32,7	4,7	7,0	6,5

8.3 Bewertung der Phasenschieber

Die mit den Phasenschiebern gewonnenen Ergebnisse aus Abschn. 8.2 sollen in diesem Abschnitt mit theoretisch ermittelten Werten für die differentielle Phasenänderung und die Verluste verglichen werden. In Tab. 8.5 sind die gemessenen und theoretisch erwarteten Leistungswerte beider Phasenschieberkonzepte aufgeführt. Für die berechneten Werte wird von einer Schichtdicke der BST-Schicht von $4\,\mu$m ausgegangen, die aus REM-Aufnahmen ermittelt wurde. Die lichtmikroskopische Beurteilung der Strukturen zeigt vor allem bei kleinen Strukturabmessungen herstellungsbedingte Fehler auf. Daher wird die CPW-Struktur des konventionellen Phasenschiebers mit $2s = 130\,\mu$m und $g = 80\,\mu$m berücksichtigt. Für den Elektrodenabstand der Varaktoren des Phasenschiebers mit diskreten Elementen wird der Mittelwert von $d = 50\,\mu$m verwendet. Des weiteren wird ein voll ausgeprägter Skineffekt angenommen.

Tabelle 8.5: Vergleich der gemessenen Leistungswerte der Phasenschieber bei 10 GHz mit theoretisch ermittelten Werten nach Abschn. 8.1.1 für $E = 3\,kV/mm$.

	Messung	Theorie
Konventionelles Design (PS-1)	$\Delta\Phi = 34{,}9\,°/$cm $\alpha_{intrinsisch} = 5{,}4\,$dB/cm FoM=6,5 °/dB	$\Delta\Phi = 29{,}3\,°/$cm $\alpha_{intrinsisch} = 2{,}36\,$dB/cm FoM=12,4 °/dB $\alpha_\perp = 2{,}12\,$dB/cm $\alpha_\parallel = 0{,}24\,$dB/cm
Design mit diskreten Elementen (PS-2)	$\Delta\Phi = 18{,}7\,°/$cm $\alpha_{intrinsisch} = 2{,}9\,$dB/cm FoM=6,5 °/dB	$\Delta\Phi = 23{,}5\,°/$cm $\alpha_{intrinsisch} = 1{,}95\,$dB/cm FoM=12,1 °/dB $\alpha_\perp = 1{,}79\,$dB/cm $\alpha_\parallel = 0{,}16\,$dB/cm

Vergleicht man die Leistungsdaten der Phasenschieber mit den theoretisch erwarteten Werten für $\tan\delta_{BST60} = 11\,\%$, so ist eine gute Übereinstimmung im Wert der differentiellen Phasenverschiebung $\Delta\Phi$ für PS-1 zu erkennen. Der leicht erhöhte Messwert für $\Delta\Phi$ resultiert aus der nicht in die theoretische Berechnung eingehenden geringen Steuerbarkeit der adaptiven Impedanzwandler. Die abgerundeten Ecken der Varaktoren bei PS-2 verringern die Streufelder deutlicher als zunächst bei der Entwicklung der Phasenschieber angenommen. Daher ist die gemessene Phasenverschiebung geringer als die theoretisch erwartete. Weiterhin führen die abgerundeten Ecken zu einer Reduzierung der an Ecken auftretenden erhöhten Feldstärke und somit dazu, dass höhere Spannungen angelegt werden können bevor ein elektrischer Durchbruch erfolgt (siehe dazu auch Elektrodenform eines Hochspannungskondensators in [49], S.350).

Beim Vergleich der Dämpfungsbeläge ist ebenfalls zu beachten, dass der theoretisch erwartete Wert nur den Dämpfungsbelag der aktiven Zone berechnet. Der gemessene Wert aus dem Quotienten der intrinsischen Gesamtdämpfung und der Länge der aktiven Zone von 15 mm beinhaltet somit u.a. die dielektrischen Verluste in den Impedanztransformatoren. Deren erster Abschnitt liegt mit einer Gesamtlänge von 5,2 mm auf der verlustreichen BST60-Schicht. Somit können die Verluste der Impedanzwandler in PS-1 mit 3 dB/cm und die von PS-2 aufgrund des geringen BST60-Anteils mit 0,7 dB/cm angesetzt werden.

Aus Tab. 8.5 ist ersichtlich, dass bei dem momentanen Stand der Materialerforschung das verwendete Mikrowellendielektrikum mit mehr als 90 % den wesentlichen Anteil zu den Verlusten der Phasenschieber ausmacht. Der erreichbare Gütefaktor FoM der aktiven Zone hängt somit im Wesentlichen von den Materialparametern des Mikrowellendielektrikums ab und kann vorwiegend

8.3. BEWERTUNG DER PHASENSCHIEBER

durch eine Materialoptimierung und nur wenig durch das implementierte Konzept verbessert werden. Allerdings kann der in [76] postulierte Vorteil der geringeren Leiterdämpfung des Phasenschiebers mit diskreten Elementen sowohl durch die Messung als auch rechnerisch bestätigt werden. Der Grund dafür ist die geringere Längsdämpfung der hochohmigen Ausgangsleitung durch die größere Spaltbreite g im Vergleich zu der CPW-Struktur des konventionellen Designs. Dadurch besitzt dieser Entwurf einen potentiellen Vorteil gegenüber dem konventionellen Design, falls es gelingt, die dielektrischen Verluste zu senken.

Da die Leistung eines Phasenschiebers in der Anwendung jedoch auch von seiner Integration in ein Antennensystem abhängt, soll der Gesamtaufbau mit seinen unterschiedlichen Komponenten untersucht werden. Diese sind die entwickelten Impedanztransformatoren (Abschn. 8.1.2) und die DC-Entkoppler (Abschn. 8.1.3), aber auch der Gehäuseeinbau mit den Übergängen von Koaxial- auf Koplanarleitung. Die Integrationsfähigkeit einer Baugruppe kann anhand des Reflexionsverhaltens bewertet werden. Die Reflexionsdämpfung des DC-Entkopplers ergab sich aus der Simulation in Abschn. 8.1.3 zu $|r_{DC-Block}| = -17\,\text{dB}$ bei 10 GHz. Nimmt man für die Reflexionsdämpfung des Übergangs von Koaxial- auf Koplanarleitung $|r_{Coax/CPW}| = -20\,\text{dB}$ an ([49], S. 87, [102], S. 39), so kann unter Berücksichtigung der Dämpfung $\alpha_{intrinsisch}$ für den ungünstigsten Fall der betragsmäßigen Addition aller reflektierten Teilleistungen die Gesamtreflexionsdämpfung mit

$$|r_{ges}|^2_{lin} = \left(1 - e^{-4\alpha_{intrinsisch}}\right) \cdot |r_{DC-Block}|^2_{lin} + \left(1 - e^{-4\alpha_{intrinsisch}}\right) \cdot |r_{Coax/CPW}|^2_{lin} \quad (8.12)$$

ermittelt werden. Es ergibt sich für beide Phasenschieberkonzepte eine Reflexionsdämpfung von $|r_{ges}| = -15{,}5\,\text{dB}$.

Hierbei wird die Reflexion der Impedanztransformatoren außer Acht gelassen, da deren Entwicklung in [43] auf anderen Annahmen über die Höhe der BST60-Schicht basierte. Vergleicht man jedoch $|r_{ges}| = -15{,}5\,\text{dB}$ mit dem für den Phasenschieber mit diskreten Elementen (PS-2) gemessene Reflexionsdämpfung zwischen -13 dB ($|S_{11}|$) und -15 dB ($|S_{22}|$), so scheint die Teilreflexion an den Impedanztransformatoren gering zu sein. Der konventionelle Phasenschieber besitzt eine gemessene Reflexion zwischen -13 dB ($|S_{11}|$) und -14 dB ($|S_{22}|$). In diesem Fall kann die Reflexion des Impedanztransformators, der hier auf Werte um die $40\,\Omega$ anpassen muss, durchaus höher als bei PS-2 sein. Allerdings ist diesbezüglich keine ausreichend genaue Aussage möglich, da zum einen ein reproduzierbarer Einbau der Schaltung in das Gehäuse äußerst schwierig ist, und zum anderen auch der Störeinfluss des Bonddrahtes zur DC-Zuführung berücksichtigt werden müsste.

Im folgenden sollen die Vor- und die Nachteile der Entwicklung und der Messegebnisse beider Phasenschieberkonzepte zusammengefasst werden.

Konventioneller Phasenschieber (PS-1)

Die Vorteile des konventionellen Phasenschiebers sind:

- Unempfindlichkeit gegenüber Herstellungstoleranzen
- Einfache theoretische Modellierung
- Aufgrund unkritischer Abmessungen ist PS-1 für Anwendungen bei 10 GHz vollständig in der kostengünstigen Dickschichttechnik herstellbar.

Die Nachteile sind:

- Hohe Leiterverluste bei Verkleinerung der Struktur, um z.b. die maximalen Steuerspannungen zu reduzieren

- Ein Wellenwiderstand der CPW der aktiven Zone von $50\,\Omega$ ist auf Al_2O_3-Substrat nicht erreichbar, da eine sehr geringe Innenleiterbreite gewählt werden müsste (hohe Längsdämpfung). Es muss daher ein Optimum zwischen einer geringen Längsdämpfung und einem Wellenwiderstand nahe $50\,\Omega$ gefunden werden. Eine Impedanzanpassung ist jedoch unbedingt erforderlich.

Das konventionelle Design eignet sich somit zwar zur anwendungsorientierten Bewertung von Mikrowellendielektrika, weist aber deutliche praktische Nachteile auf.

Periodisch belastetete Leitung (PS-2)

Der Phasenschieber mit diskreten Varaktoren zeigt folgende Vorteile:

- Durch eine weitere Verkleinerung des Elektrodenabstands der Varaktoren sind nur noch geringe Steuerspannungen erforderlich ($U_{max} < 100\,\text{V}$ für wenige μm Elektrodenabstand)

- Deutlich geringere Längsdämpfung durch die hochohmige Grundleitung, vor allem bei weiterer Verkleinerung beider Phasenschiebervarianten (gute Eignung auch für Dünnschichten)

- Der Wellenwiderstand der synthetischen Leitung kann auf $50\,\Omega$ ausgelegt werden. Dadurch kann der Impedanztransformator kleiner dimensioniert werden.

- Wesentlich mehr Freiheitsgrade im Entwurf erlauben ein optimales Design für spezielle Anwendungen hinsichtlich der differentiellen Phasenänderung bezogen auf Platzbedarf, Bandbreite und Reflexionsverhalten.

Die Nachteile sind:

- Wesentlich höhere Empfindlichkeit gegenüber Herstellungstoleranzen; Siebdruck kleiner Dickschicht-Strukturen ist problematisch

- Die Entwicklung ist wesentlich komplexer, und eine theoretische Berechnung ist nicht lückenlos durchführbar. Numerische Feldberechnungen sind daher für den Entwurf erforderlich.

Die Vor- und Nachteile des Phasenschiebers mit diskreten Elementen zeigen ein günstigeres funktionales Verhalten in zukünftigen Anwendungen auf. Dies gilt besonders dann, wenn Materialien mit geringeren dielektrischen Verlusten eingesetzt werden.

8.3.1 Temperaturabhängigkeit

Von der Anwenderseite ist bei einem an das Leitungssystem angepassten Phasenschieber vorwiegend eine temperaturkonstante FoM wichtig. Diese ist beim derzeitigen Stand der Dickschichttechnik noch nicht gegeben (Bild 8.17). Vergleicht man die Temperaturabhängigkeit der FoM beider Phasenschieberkonzepte, so erkennt man, dass die FoM des Phasenschiebers mit der periodisch belasteten Leitung (PS-2) erst bei $15\,°C$ höheren Temperaturen wieder absinkt. Die Temperaturabhängigkeit der FoM von PS-2 ist somit etwas geringer als diejenige von PS-1. Der Grund liegt in der

8.3. BEWERTUNG DER PHASENSCHIEBER

Menge des verwendeten Dickschichtmaterials. Dies zeigt sich auch schon beim Vergleich der berechneten bzw. simulierten Wellenwiderstände beider Phasenschieber bei einer extern angelegten Feldstärke von 0 kV/mm und 7 kV/mm. PS-1 zeigt in diesem Fall eine Variation des Wellenwiderstandes von 11 % und PS-2 von 7,4 %.

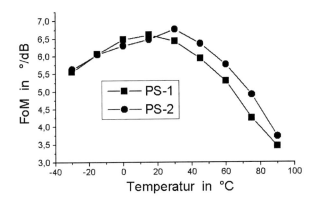

Bild 8.17: Temperaturabhängigkeit der FoM der untersuchten Phasenschieber PS-1 und PS-2 bei 10 GHz und $E = 3\,kV/mm$.

Beim Einsatz in einem Phase-Shifter-Array kann davon ausgegangen werden, dass die Phasenschieber die gleiche Temperatur erfahren. Nimmt man im Einsatz die Temperatur der Phasenschieber auf, kann die Steuerspannung derart gesteuert werden, dass bei einer maximalen Steuerspannung von 240 V für PS-1 bzw. 150 V für PS-2 über 85 K bzw. 95 K eine konstante FoM von 5,5 °/dB erreicht werden kann. Das entspricht 15 % der maximal erreichbaren FoM. Für eine weitere Temperaturanpassung können für PS-2 die Varaktoren aus verschiedenen aufeinander abgestimmten Materialien hergestellt werden (z.B. durch aufeinanderfolgende Druckvorgänge).

Unter Verwendung des in (Abschn. 6.1) vorgestellten Modells zur Berechnung der Feldabhängigkeit der Permittivität und der in Abschn. 8.1 beschriebenen Modelle der Phasenschieber kann die FoM für ein angelegtes Feld von 15 kV/mm bzw. 30 kV/mm berechnet werden. Sie weist ein theoretisches Potential der Phasenschieber von 43 °/dB bzw. 52 °/dB auf.

8.3.2 Möglichkeiten zur Optimierung der Phasenschiebereigenschaften

Die Dickschichttechnik ermöglicht eine Variation der Dicke und der Porosität der Schicht. In Abhängigkeit der daraus folgenden Dickschichteigenschaften kann mit Hilfe der in Abschn. 8.1 vorgestellten Modelle ein Optimum von Dickschichthöhe, Porosität und Geometrieparametern der Elektroden gefunden werden.

Im folgenden werden weitere mögliche Maßnahmen zur Steigerung der Phasenschiebereigenschaften angeführt:

- Eine Verringerung der Elektrodenabstände führt nach [65] zur Steigerung der Durchbruchfeldstärke. Das Material kann dann bei gleichbleibenden dielektrischen Verlusten höher ausgesteuert werden, woraus eine größere FoM resultiert.

- Eine Verkleinerung des Spalts der DC-Entkoppler führt zu einer höheren Kopplung mit geringeren Reflexionen.

Weitere Ansatzpunkte zur Optimierung der Phasenschiebereigenschaften sind die Elektroden. Aufgrund der hohen Einbrenntemperatur der BST60-Dickschicht (1200 °C) wird in dieser Arbeit die Elektrodenstruktur aus Gold nach der BST60-Struktur aufgebracht. Dies führt, wie bereits diskutiert, zu wesentlich erhöhten ohmschen Leitungsverlusten durch die hohe Oberflächenrauhigkeit der Elektroden und einer geringen Maßhaltigkeit der Strukturen nach dem erforderlichen galvanischen Prozess.

Durch Aufbringen des Elektrodenmaterials direkt auf das polierte Substrat und anschließendes Aufbringen der steuerbaren Schicht, kann die Oberflächenrauhigkeit und somit auch die Leitungsdämpfung weiter reduziert werden (siehe auch [119]). Dazu muss jedoch bei der Verwendung von Goldelektroden die Einbrenntemperatur des steuerbaren Materials auf mindestens 800 °C gesenkt werden, um eine Interdiffusion von Gold in die Schicht zu vermeiden. Der Faktor, um den die Leitungsdämpfung durch diese Maßnahme reduziert wird, lässt sich mit der Formel 6.9 Z aus [49] für eine Mikrostripleitung abschätzen:

$$\frac{\alpha_\|}{\alpha_{\|,eff}} = 1 / \left[1 + \frac{2}{\pi} \cdot \arctan\left(1{,}4 \cdot \left(\frac{\sigma_{eff}}{\delta_s}\right)^2\right)\right] \qquad (8.13)$$

In Gl. 8.13 sind $\alpha_\|$ und $\alpha_{\|,eff}$ die Leitungsdämpfung auf glatten bzw. auf rauhem Untergrund, σ_{eff} ist die effektive Oberflächenrauhtiefe und δ_s die Skineffekt-Eindringtiefe aus Gl. 2.70. Gl. 8.13 gilt zwar für Mikrostreifenleitungen, es wird aber hier davon ausgegangen, dass die Aufgrund der Oberflächenrauhigkeit bedingten Verluste einer Koplanarleitung in der gleichen Größenordnung liegen. Aufgrund der durch die Körner und Porosität bedingten Oberflächenrauhigkeit wird für die Abschätzung $\sigma_{eff}=0{,}5\,\mu$m angenommen. Bei einer Frequenz von 10 GHz ergibt sich daraus bei direktem Aufbringen der Elektrode auf das polierte Substrat eine Reduzierung des Leitungsdämpfungsbelags um 25 %.

Kann die Einbrenntemperatur des steuerbaren Materials nicht gesenkt werden, müsste bei dem im vorherigen Absatz beschrieben Aufbau der Schaltung ein Elektrodenmaterial mit einem höheren Schmelzpunkt als Gold, z.B. Platin, verwendet werden. Hier muss jedoch noch abgeschätzt werden, ob der Gewinn durch die Verringerung der Elektrodenrauhigkeit nicht durch die geringere Leitfähigkeit des Platins aufgehoben wird. Der Leitungsdämpfungsbelag ist proportional zum Oberflächenwiderstand (Gl. 2.73). Somit kann der Faktor um den die Leitungsdämpfung durch die Verwendung von Platin erhöht wird, mit Hilfe der Gl. 2.71 berechnet werden:

$$\frac{\alpha_{\|,Pt}}{\alpha_{\|,Au}} = \frac{R_{S,Pt}}{R_{S,Au}} = \frac{\sigma_{Au} \cdot \delta_{s,Au}}{\sigma_{Pt} \cdot \delta_{s,Pt}} \qquad (8.14)$$

($\sigma_{Au} = 41 \cdot 10^6$ S/m und $\sigma_{Pt} = 9{,}5 \cdot 10^6$ S/m Leitfähigkeit von Gold bzw. Platin, $\delta_{s,Au}$ und $\delta_{s,Pt}$ Skintiefe von Gold bzw. Platin). Wird als Elektrodenmaterial Platin anstatt Gold verwendet führt dies bei 10 GHz zu einer Erhöhung der Leitungsdämpfung um 210 %. Der Einsatz von Platinelektroden erhöht somit die Längsdämpfung wesentlich stärker als sie durch das Aufbringen des Elektrodenmaterials direkt auf das polierte Substrat erniedrigt wird und bringt somit keine Vorteile mit sich.

Ist die Einbrenntemperatur des steuerbaren Materials unter 800 °C könnten im Fall des Designs mit diskreten Elementen (PS-2) die Varaktoren auch als Plattenkondensatoren ausgeführt werden. Dabei müsste ein zusätzlicher Prozessschritt durchgeführt werden, um eine obere Goldelektrode auf den Varaktor aufzubringen. Die Plattenkondensatoren hätten jedoch den Vorteil, dass die Durchbruchfeldstärke nur von dem Dickschichtmaterial bestimmt wird und somit auch ohne Schutzschicht höhere elektrische Felder angelegt werden können.

Werden Dünnschichten verwendet, deren Annealing-Prozess unterhalb 800 °C durchgeführt wird, besteht die Möglichkeit die Goldelektroden direkt auf das Substrat aufzubringen und somit auch die Möglichkeit im Fall eines Designs mit diskreten Elementen (PS-2) die Varaktoren als Plattenkondensatoren auszuführen.

8.4 Bewertung der Dickschichttechnik für steuerbare Mikrowellendielektrika

Tab. 8.6 zeigt den Stand der Entwicklung von Phasenschiebern, die mit verschiedenen Technologien hergestellt wurden. Die Tabelle soll einen Ausschnitt aus den vielzähligen aktuellen Arbeiten bei der Entwicklung von Phasenschiebern darstellen und erhebt nicht den Anspruch, vollständig zu sein. Da die Veröffentlichungen aus einer Vielzahl wissenschaftlicher Zeitschriften stammt, können die genauen Materialparameter und der Aufbau der Phasenschieber oft nicht genauer spezifiziert werden.

Keiner der in Tab. 8.6 aufgeführten Phasenschieber weist die in [108] geforderte FoM von 200 bis 300 °/dB auf. Die besten Ergebnisse mit steuerbaren Dielektrika werden mit Dünnschichten in Verbindung mit Supraleitern erzielt. Ebenfalls gute Ergebnisse erzielen die auf Halbleitern basierenden Phasenschieber und die digitalen MEMS-Phasenschieber, die jedoch vorwiegend nur diskrete Phasenverschiebungen ermöglichen. Erst an dritter Stelle stehen die auf steuerbaren Dielektrika basierenden Phasenschieber mit anloger Phasenverschiebung für Raumtemperaturanwendungen. Im unteren Bereich der Tabelle sind weitere Phasenschiebervarianten aufgezählt, die auf weiteren physikalischen Effekten beruhen.

Die höchsten gemessenen FoM-Werte mit Dickschichten liegen bei einem Drittel der höchsten mit Dünnschichten erzielten Werte. Das Potenzial der Dickschichten beim derzeitigen Stand der Materialentwicklung ist jedoch noch nicht voll ausgeschöpft worden. Mit einer in [105] vorgeschlagenen Schutzschicht aus Wachs oder mit einem Schutzlack kann die Durchbruchspannung erhöht werden. Durch Anlegen eines höheren elektrischen Feldes von 15 kV/mm sind dann laut Abschn. 6.1 FoM-Werte von bis zu 43 °/dB und bei 30 kV/mm sogar Werte von 52 °/dB erreichbar.

Im Vergleich zu den anderen in Tab. 8.6 vorgestellten steuerbaren Phasenschiebern, liegen die wesentlichen Vorteile der in Dickschichttechnik hergestellten Phasenschieber in der einfachen Strukturierbarkeit schon bei der Herstellung, auch ohne anschließende Ätzprozesse. Ebenso wie die Dünnschichttechnik bietet die Dickschichttechnik die Möglichkeit zum Bau analoger Phasenschieber. Im Vergleich zur Dünnschichttechnik liegt der Vorteil in der Unabhängigkeit der dielektrischen Eigenschaften vom verwendeten Substrat. Dem gegenüber stehen die im Vergleich zur Dünnschichttech-

Tabelle 8.6: Stand der Entwicklung von Phasenschiebern.

Referenz	Kurzbeschreibung	U_{max} in V	E_{max} in kV/mm	f in GHz	FoM in °/dB
[16]	$Ba_{0,05}Sr_{0,95}TiO_3$-Dünnschicht, Supraleiter, CPW, 16 K	35	2,3	20	127
[73,105]	BST-Dünnschicht auf MgO, Supraleiter, 77 K, gekoppelte Mikrosstripleitung	400	≈50	16	80
[6,7]	Mikromechanische Systeme (MEMS), periodisch belastete Leitung, RT	26	-	40 / 60 / 75-110	70 / 90 / 70
[58]	Mikromechanische Systeme (MEMS), 4-bit, periodisch belastete Leitung, RT, Tabelle mit Ergebnissen von MEMS-Phasenschieber anderer Gruppen	25-35	-	65	120
[27]	PIN-Dioden, 3-Bit, $\Delta\Phi_{min} = 45°$, RT	-	-	10,5-12,5	72
[17]	Analoger monolithischer GaAs Phasenschieber, RT	12	-	16-18	85
[15]	BST-Dünnschicht (epitaktisch), RT, MgO-Substrate, homogener CPW mit $2s = 60\,\mu m$, $g = 40\,\mu m$	250	6,25	31	45
	BST-Komposit-Dünnschicht, RT, MgO-Substrate, homogener CPW mit $2s = 60\,\mu m$, $g = 40\,\mu m$	350	8,75	31	45 / 65*
[119]	BST-Komposit-Dünnschicht, RT, MgO-Substrate, homogener CPW mit $2s = 6\,\mu m$, $g = 3\,\mu m$	20	6,7	35	2
[29]	BST-Dünnschicht (150 nm), mit Plattenkondensatoren periodisch belasteter CPW, RT	29	130	30	27
[2]	BST-Dünnschicht, mit Plattenkondensatoren periodisch belasteter CPW, Safirsubstrate, RT	17,5	-	10	80
[1]	BST-Dünnschicht, mit Plattenkondensatoren periodisch belasteter CPW, RT, Safirsubstrate	27,5	-	10 / 20	31 / 46
	BST-Dünnschicht, mit Plattenkondensatoren periodisch belasteter CPW, RT, Glassubstrate:	30	-	10 / 30	60 / 45
[113]	BST60-Dickschicht Homogener CPW mit $2s = 15\,\mu m$, $g = 30\,\mu m$, RT	100	3,3	24	8 / 20†
Diese Arbeit	BST60-Dickschicht Homogener CPW mit $2s = 120\,\mu m$, $g = 80\,\mu m$, RT	480	6	10	12
[18]	Optischer CPW (AlGaAs/GaAs)	-	-	20	0,3
	Kombinierter Schottky-Kontakt/Optischer CPW (GaAs/SI GaAs)	35	-	20	7,5
[82]	BST auf Gadolinium Gallium Garnet, CPW auf Ferroelektika-Ferrit-Verbund, RT	40	2,1	11,6	7
[114]	Nematische Flüssigkristalle, Microstrip, RT	40	-	8-18	8
[26,100]	Supraleiter mit SQUIDS (Superconducting Quantum interferrence Devices) oder Josephson-Kontakten, 77 K	-	-	11,6	20

*) einmaliges Messergebnis, †) persönliche Mitteilung

nik höheren Verluste. Diesbezüglich sind noch weitere Arbeiten zur Optimierung des Materialsystems und der Mikrostruktur notwendig (siehe auch Abschn. 3 und Abschn. 5). Die bisherigen Untersuchungen weisen jedoch darauf hin, dass der Einsatz der Dickschichttechnik zum Bau elektrisch steuerbarer Phasenschieber durchaus eine vielversprechende Alternative zu den bisher angewandten Methoden bietet, falls es gelingt die dielektrischen Verluste zu senken.

Kapitel 9

Zusammenfassung und Ausblick

Die Entwicklung elektronisch abstimmbarer Mikrowellenkomponenten gewinnt für den Einsatz in zukünftigen breitbandigen Kommunikationssystemen und auch adaptiven Radarsystemen zunehmend an Bedeutung. Nichtlineare Dielektrika bieten eine Alternative zur Herstellung solcher steuerbaren Komponenten mit einigen potentiellen Vorteilen gegenüber den etablierten Technologien, wie z.b. die Möglichkeit der leistungslosen Steuerung mit geringen Ansprechzeiten, hohe Systemintegration und die Übertragung großer Hochfrequenzleistungen. Die große Temperaturabhängigkeit und die hohen Verluste im Mikrowellenbereich haben eine breite Anwendung dieser Materialien bisher jedoch verhindert.

Die vorliegende Arbeit befasste sich mit der Entwicklung und Bewertung von Mikrowellendielektrika aus polykristallinen Dickschichten, deren Dielektrizitätszahl durch Anlegen einer externen elektrischen Spannung gesteuert werden kann. Ziel war durch kleine Korngrößen in Verbindung mit einer hohen Porosität eine Reduzierung der Temperaturabhängigkeit und der Verluste zu erreichen.

Zwei aussichtsreiche Materialsysteme wurden auf ihre Eignung für Mikrowellenanwendungen bei Raumtemperatur untersucht. Auf der Basis von Bariumtitanat wurde die Abhängigkeit der Steuerbarkeit zum einen von einer A-Platz-Substitution (Ba^{2+} wird durch Sr^{2+} ersetzt) untersucht. Als weiteres Material wurde Silber-Tantalat-Niobat aufgrund der im Vergleich zu den Bariumtitanaten um eine Zehnerpotenz niedrigeren Permittivität und guter Verlusteigenschaften ausgewählt.

Voruntersuchungen an massiven Keramiken gaben erste Aufschlüsse über Permittivität, Verluste und Steuerbarkeit der Materialsysteme. Es hat sich gezeigt, dass mit den Mischungsverhältnissen von $Ba_{0,6}Sr_{0,4}TiO_3$, $AgTa_{0,2}Nb_{0,8}O_3$ und $AgTa_{0,1}Nb_{0,9}O_3$ ein Optimum von hoher Steuerbarkeit bei niedrigen Verlusten bei Raumtemperatur erreicht werden kann.

Die aus Pulvern mit optimierten Mischungsverhältnissen hergestellten Pasten wurden auf keramische Al_2O_3-Substrate gedruckt und entsprechend der in XRD-Untersuchungen ermittelten Temperaturen eingebrannt. Zur Bestimmung der Porosität der Dickschichten wurde im Rahmen dieser Arbeit ein optisches Verfahren entwickelt und mit herkömmlichen Methoden verglichen.

Zur elektrischen Charakterisierung der Dickschichten wurde eine Messtechnik entwickelt, welche die Durchführung automatisierter Messungen über einen großen Frequenzbereich (1 kHz bis 15 GHz) und einen großen Temperaturbereich abdeckt. Bei der Entwicklung der Messmethoden wurde das Problem der Steuerspannungszuführung durch die Verwendung geeigneter Probenstrukturen gelöst. Für Messungen im unteren Frequenzbereich wurden Plattenkondensator- und Intedigitalstrukturen verwendet. Der Vergleich der zwei unterschiedlichen Methoden zeigt, dass die Plattenkondensatorstruktur zwar eine mathematisch unkomplizierte Auswertung der Messwerte ermöglicht, jedoch vollkommen rissfreie Dickschichten benötigt und sich daher nicht zu einer Vorabuntersuchung noch nicht optimierter Dickschichten eignet. Zur Charakterisierung der Materialparameter im oberen Frequenzbereich wurde die Methode der geraden koplanaren Leitungsresonatoren angepasst, um die benötigten Steuerspannungen an die Proben anlegen zu können.

Zur Beschreibung der Steuerbarkeit wurde das Devonshire-Modell erweitert, um die Abhängigkeit der Permittivität der Silber-Tantalat-Niobat-Dickschichten von der Feldstärke zu beschreiben. Damit wurde die Möglichkeit geschaffen, die mögliche Steuerbarkeit aller untersuchten Materialsysteme in Richtung hoher elektrischer Feldstärken (> 15 kV) hin zu extrapolieren. Weiterhin wurde das Bruggeman-Modell zur Beschreibung der Abhängigkeit der Permittivität von der Porosität auf seine Anwendung zur Beschreibung von Silber-Tantalat-Niobat-Dickschichten untersucht. Mit dem Modell konnte aus dem angelegten effektiven Feld anhand der Porosität die Größe der elektrischen Feldstärke in den Körnern bestimmt werden. Somit konnte sich die Abhängigkeit der Steuerbarkeit von der Porosität beschreiben lassen. Das Modell wurde anhand von Messwerten verifiziert, und es wurde eine sehr gute Korrelation mit den Ergebnissen der Messungen festgestellt.

Durch die im Vergleich zur massiven Keramik hohe Porosität (24 bis 27 %) und die geringe Korngröße der Dickschichten ($\leq 1\mu$m) der Dickschichten konnte die Permittivität stark gesenkt werden. Zusätzlich wurde das Maximum am steuerbaren Phasenübergang stark verbreitert, was zu einer geringeren Temperaturabhängigkeit der Schichten führte. Eine besonders starke Verbreiterung des Phasenübergangs erfuhren die auf Bariumtitanat basierenden Dickschichten.

Bei allen untersuchten Materialsystemen konnte im GHz-Bereich der Beginn einer Relaxation bzw. eine abgeschlossene Relaxation festgestellt werden. Diese Relaxation ist mit einem starken Anstieg der Verluste verbunden. Die Relaxation mit der niedrigsten Frequenz tritt bei den Silber-Niobat-Tantalat-Dickschichten auf, das bei den höchsten Frequenzen relaxierende Material ist das Barium-Strontium-Titanat. Es hat bei 10 GHz im Vergleich zu den anderen Materialien die geringsten Verluste. Der Vergleich des durch das erweiterte Devonshire-Modell berechneten Quotienten aus Steuerbarkeit und Verlusten der verschiedenen Materialien zeigt, dass die auf Bariumtitanat basierenden Materialien noch ein großes Potential besitzen, wenn es möglich ist, höhere Felder bis zu 15 kV/mm anzulegen.

Um das Potential polykristalliner Dickschichten im Einsatz als steuerbare Dielektrika abzuschätzen, wurden Phasenschieber konzipiert, hergestellt und charakterisiert. Aufgrund der mit der Resonatormethode gewonnenen Messergebnisse wurde für die Phasenschieber Barium-Strontium-Titanat als steuerbares Material verwendet. Bei der Entwicklung der Phasenschieber wurden zwei unterschiedliche Konzepte berücksichtigt. Ein Phasenschieber wurde durch eine auf einer steuerbaren Schicht aufgebrachten Koplanarleitung realisiert (Coplanar Phase-Shifter). Das zweite Konzept beruht auf dem Prinzip der periodisch mit Varaktoren belasteten Leitung (Distributed Phase-Shifter). Das zweite Konzept erlaubt aufgrund von mehr Freiheitsgraden ein optimales Design für spezielle Anwendungen bezogen auf Platzbedarf, Bandbreite und Reflexionsverhalten.

Für die in zukünftigen Arbeiten neu zu entwickenden Materialsysteme mit anderen dielektrischen Parametern kann das Design der Phasenschieber mit Hilfe der angegebenen Modelle optimiert werden. Die Modelle können auch bei der Herstellung von Phasenschiebern in Dünnschichttechnik verwendet werden.

Der Vergleich der Messergebnisse mit denen von Phasenschiebern anderer Technologien, wie Halbleitern, Ferriten und Dünnschichten, zeigt eine etwa 4 bis 8fach niedrigere Phasenschiebergüte der in dieser Arbeit hergestellten Phasenschieber. Wird jedoch das Potential der derzeit entwickelten Dickschichtmaterialien durch Anlegen höherer elektrischer Felder voll ausgeschöpft, so liegt der berechnete theoretische Wert der Phasenschiebergüte im Bereich von Dünnschichtphasenschiebern.

Sollen aber die in [107] angegebenen für eine technische Anwendung minimal erforderlichen Werte von 200 bis 300 °/dB erreicht werden, müssen die Verluste auf 25 % des derzeitigen Wertes gesenkt werden, ohne dabei die Steuerbarkeit zu reduzieren. Auf der Grundlage der Erkenntnisse und Verfahren der vorliegenden Arbeit sollten daher anschließende Studien auf eine Reduzierung der Verluste durch eine weitere Reduzierung der Korngröße zielen, die zu einer weiteren Verschiebung der Relaxationsfrequenz zu Frequenzen weit über den Anwendungsbereich führt. Auch könnten geringfügige Dotierungen des Materials zur Bindung lokaler Dipole und freier Ladungsträger und somit zu einer Reduzierung der Verluste verwendet werden.

Literaturverzeichnis

[1] Acikel, B., Liu, Y., Nagra, A.S., Taylor, T.R., Hansen, P.J., Speck, J.S., York, R.A.: *Phase shifters using (Ba,Sr)TiO$_3$ thin films on saphire and glass substrates.* Microwave Symposium Digest, 2001 IEEE MTT-S International, **2**, S. 1191-4, 2001.

[2] Acikel, B., Taylor, T.R., Hansen, P.J., Speck, J.S., York, R.A.: *A new X-band 180° high performance phase shifter using (Ba,Sr)TiO$_3$ thin films.* Microwave Symposium Digest, 2002 IEEE MTT-S International, **3**, S. 1467-9, 2002.

[3] Adam, M.: *Epitaktische SrTiO$_3$-Schichten zur Abstimmung von supraleitenden Mikrowellen-Bauelementen.* Dissertation, Forschungszentrum Karlsruhe, 2002.

[4] Alvazzi Delfrate, M., Leoni, M., Nanni, L., Melioli, E. Watts, B.E.; Leccabue, F.: *Electrical Characterization of BaTiO$_3$ Made by Hydrothermal Methods.* Journal of Materials Science-Materials in Electronics, **5**, 3, S. 153-6, 1994.

[5] Arlt, G., Hennings, D., de With, G.: *Dielectric poperties of fine-grained barium titanate ceramics.* Journal of Applied Physics, **58**, S. 1619-25, 1985.

[6] Barker, N.S., Rebeiz, G.M.: *Distributed MEMS true-time delay phase shifters and wide band switches.* IEEE Transactions on Microwave Theory and Techniques, **46**, Nr. 11, S. 1881-90, 1998.

[7] Barker, N.S., Rebeiz, G.M.: *Optimization of Distributed MEMS Transmission Line Phase Shifters - U-Band and W-Band Designs.* IEEE Transactions on Microwave Theory and Techniques, **48**, Nr. 11, S. 1957-66, 2000.

[8] Beek, L.K.H.: *Dielectric behaviour of heterogeneous Systems.* Progress in Dielectrics, **7**, S. 69-114, 1967.

[9] Bell, A.J., Moulson, A.J.: *The effect of grain size on the dielectric properties of barium titanate ceramic.* Ferroelectrics, **54**, S. 147-50, 1984.

[10] Bethe, K.: *Über das Mikrowellenverhalten nichtlinearer Dielektrika.* Dissertation, Philips Journal of Research, **2**, 1970.

[11] Blase, R.: *Temperaturunabhängige Sauerstoffsensoren mit kurzer Einstellzeit auf der Basis von La$_2$CuO$_{4+\delta}$ - Dickschichten* Dissertation, Düsseldorf : VDI-Verl., 1996.

[12] Bronstein, I.N., Semendjajew, K.A.: *Taschenbuch der Mathematik.* Musiol, G., Mühlig, H. (Bearb.). 2. Aufl. Frankfurt am Main : Deutsch, 1995.

[13] Brusset, H., Martin, J.J.P., Lanson, G.: *Contribution à l'étude du système binaire Ag$_2$O - Ta$_2$O$_5$.* Bulletin de la Société Chimique de France, No. 206, S. 1323-8, 1968.

[14] Bruggeman, D.A.G.: *Berechnung verschiedener physikalischer Konstanten von heterogenen Substanzen.* Annalen der Physik, 5. Folge, **24**, S. 636-664, 1935.

[15] Carlson, C.M., Rivkin, T.V., Parilla, P.A., Perkins, J.D., Ginley, D.S., Kozyrev, A.B., Oshadchy, V.N., Pavlov, A.S., Golovkov, A., Sugak, M., Kalinikos, D., Sengupta, L.C., Chiu, L., Zhang, X, Zhu, Y., Sengupta S.: *30 GHz electronically steerable antennas using $Ba_xSr_{1-x}TiO_3$-based room-temperature phase shifters.* Material Research Society Symposium Proceedings, **603**, S. 15-5, 2000.

[16] Carlsson, K.: *High Temperature Superconducting and Tunable Ferroelectric Microwave Devices.* Dissertation, Chalmers Technische Hochschule Göteborg, 1998.

[17] Chen, C.-L., Courtney, W.E., Mahoney, L.J., Manfra, M.J., Chu, A., Atwater, H.A.: *A low-loss Ku-band monlithic analog phase shifter.* IEEE Transactions on Microwave Theory and Techniques, **35**, 3, S. 315-20, 1987.

[18] Cheung, P., Neikirk, D.P., Itoh, T.: *Optically controlled coplanar waveguide phase shifters.* IEEE Transactions on Microwave Theory and Techniques, **38**, 5, S. 586-95, 1990.

[19] Cho, C.-R., Koh, J.-H., Grishin, A.M., Abadei, S., Gevorgian, S.: *Niobate films for microwave applications.* Materials Research Society (MRS) Proceedings, **666**, F7.1, 2001.

[20] Collin, R. E.: *Grundlagen der Mikrowellentechnik.* 1. Aufl., Berlin : VEB Verlag Technik, 1973.

[21] Cross, L.E.: *Relaxor ferroelectrics: an overview.* Ferroelectrics, **151**, S. 305-20, 1994.

[22] Devonshire, A.F.: *Theory of Ferroelectrics.* Advances in Physics (Phil. Mag. Suppl.), **3**, S. 85-130, 1954.

[23] DIN 51056: *Bestimmung der Wasseraufnahme und der offenen Porosität.* 1985.

[24] DIN EN 623 - 2: *Monolithische Keramik; allgemeine und strukturelle Eigenschaften; Teil 2: Bestimmung von Dichte und Porosität.* 1993.

[25] DIN EN ISO 2738: *Sintermetalle, ausgenommen Hartmetalle; durchlässige Sintermetalle; Bestimmung der Dichte, des Tränkstoffgehaltes und der offenen Porosität.* 1999.

[26] Durand, D.J., Carpenter, J., Ladizinsky, E., Lee, L., Jackson, C.M.: *The Distributed Josephson Inductance Phase Shifter.* IEEE Transactions on Applied Superconductivity, **2**, 1, S. 33-8, 1992.

[27] Eom, J.Y., Jeon, S.I., Oh, D.G., Park, II.K.: *3-bit digital phase shifter for mobile DBS active phased array antenna system application.* IEEE International Conference on Phased Array Systems and Technology, Proceedings, S. 85-8, 2000.

[28] Erickson, F.M.: *The non-ideal parallel-plate capacitor.* Essay, aus http://www.ttc-cmc.net/~fme/plates.12-24-00.ps.gz, S. 1-56, 2000.

[29] Erker, E.G., Nagra, A.S., Liu, Y., Reriaswamy, P., Taylor, T.R., Speck,J., York, R.A.: *Ka-band phase shifter using voltage tunable $BaSrTiO_3$ parallel plate capacitors.* IEEE Transactions on Microwave and Guided Wave Letters, **10**, 1, S. 10-2, 2000.

[30] Elissalde, C., Ravez, J.: *Ferroelectric ceramcis: defects and dielectric relaxation.* Journal of Materials Chemistry, **11**, S. 1957-67, 2001.

[31] Francombe, M.H., Lewis, B.: *Structural and electrical properties of silver niobate and silver tantalate.* Acta Cryst., **11**, S. 175-178, 1958.

[32] Gevorgian, S., Carlsson, E., Wikborg, E., Kollberg, E.: *Tunable microwave devices based on bulk and thin film ferroelectrics.* Integrated Ferroelectrics, **22**, 1-4, S. 245-257, 1998.

[33] Gevorgian, S.: *CAD models for shielded multilayered CPW.* IEEE Transactions on Microwave Theory and Techniques, **43**, 4, S. 772-9, 1995.

[34] Gevorgian, S., Martinsson, T., Linnér, P.L.J., Kollberg, E.L.: *CAD models for multilayered substrate interdigital capacitors.* IEEE Transactions on Microwave Theory and Techniques, **44**, 6, S. 896-904, 1996.

[35] Gevorgian, S., Kollberg, E.L.: *Do we really need ferroelectrics in paraelectric phase only in electrically controlled microwave devices.* IEEE Transactions on Microwave Theory and Techniques, **49**, 11, S. 2117-24, 2001.

[36] Ghione, G., Naldi, C.U.: *Coplanar waveguides for MMIC applications: effect of upper shielding, conductor backing, finite-extend ground planes, and line-to-line coupling.* IEEE Transactions on Microwave Theory and Techniques, **35**, 3, S. 260-7, 1987.

[37] Ghione, G.: *A CAD-oriented analytical model for the losses of general asymmetric coplanar lines in hybrid and monolithic MICs.* IEEE Transactions on Microwave Theory and Techniques, **41**, 9, S. 1499-510, 1993.

[38] Ginzton, E.L.: *Microwave measurements.* New York : MacGraw-Hill, 1957.

[39] Gipprich, J.W., Leahy, K.A., Martin, A.J., Rich, E.L., Sparks, K.W.: *Microwave dielectric constant of a low temperature cofired ceramic.* IEEE Transactions on Components, Hybrids and Manufacturing Technology, **14**, 4, S. 732-7, 1991.

[40] Gmelin, L., Meyer, R.J., Pietsch, E.: *Gmelin - Handbuch der anorganischen Chemie.* Silber - Teil B4, Springerverlag, 1994.

[41] Groll, H.: *Mikrowellen-Messtechnik.* Braunschweig : Vieweg, 1969.

[42] Gupta, K. C., Garg, R., Bahl, I., Bhartia, P.: *Microstrip Lines and Slotlines.* Boston : Artech House, 1996.

[43] Hackenberg, U. : *Entwicklung und Charakterisierung eines 10 GHz-Phasenschiebers in Koplanarleitungstechnik unter Einsatz von steuerbaren Mikrowellendielektrika.* Diplomarbeit, Universität Karlsruhe (TH), Institut für Werkstoffe der Elektrotechnik, 2001.

[44] Hafid, M., Kugel, G.E., Kania, A., Roleder, K., Fontana, M.D. : *Study of the phase transition sequence of mixed silver tantalate-niobate ($AgTa_{1-x}Nb_xO_3$) by inelastic light scattering.* Journal of Physics / Condensed Matter, **4**, S. 2333-45, 1992.

[45] Helszajn, J.: *Microwave planar passive circuits and filters.* John Wiley & Sons, Chichester, 1994.

[46] Hennings, D., Schnell, A., Simon, G. : *Diffuse ferroelectric phase transitions in $Ba(Ti_{1-y}Zr_y)O_3$ ceramics.* Journal of American Ceramic Society, **65**, 11, S. 539-44, 1982.

[47] Hewlett Packard: *A Guideline for Designing External DC Bias Circuits.* Application Note 346, 1986.

[48] Hewlett Packard: *HP High-Frequency Structure Simulator : User's Guide.* Palo Alto, 1999.

[49] Hoffmann, R. K.: *Integrierte Mikrowellenschaltungen : Elektrische Grundlagen, Dimensionierung, technische Ausführung, Technologien.* Springer-Verlag, Berlin, 1983.

[50] Jackson, C. M.: *Monolithic High Temperature Superconductor Coplanar Waveguide Ferroelectric Phase Shifter.* U. S. Patent 6,078,827. 2000 Jun. 20, 7 p. Int. CL. H01P 1/18; H01B 12/02.

[51] Johnson, K. M.: *Variation of Dielectric Constant with Voltage in Ferroelectrics and its Application to Parametric Devices.* Journal of Applied Physics, **33**, 9, S. 2826-31, 1962.

[52] Kania, A., Ratsuna, A.: *Phase Transitions in $AgTaO_3$ Single Crystals.* Phase Transitions, **2**, S. 7-14, 1981.

[53] Kania, A.: $AgNb_{1-x}Ta_xO_3$ solid solutions-dielectric properties and phase transitions. Phase Transitions, **3**, S. 131-40, 1983.

[54] Kania, A.: *An additional phase transition in silver niobate $AgNbO_3$*. Ferroelectrics, **205**, S. 19-28, 1998.

[55] Kania, A.: *Dielectric properties of $Ag_{1-x}A_xNbO_3$ (A: K, Na and Li) and $AgNb_{1-x}Ta_xO_3$ solid solutions in the vicinity of diffuse phase transitions*. Phase Transitions, **3**, S. 131-40, 1983.

[56] Kania, A., persönliche Mitteilung, 2001.

[57] Kazoui, S., Ravez, J., Maglione, M., Goux, P.: *Dielectric relaxation in crystals and ceramics derived from $BaTiO_3$*. Ferroelectrics, **126**, S. 203-8, 1992.

[58] Kim, H.T., Park, J.-H., Lee, S., Kim, S., Kim, J.-M., Kim, Y.-K., Kwon, Y.: *V-band 2-b and 4-b low-loss and low-voltage distributed MEMS digital phase shifter using metal-air-metal capacitors*. IEEE Transactions on Microwave Theory and Techniques, **50**, 12, S. 2918-23, 2002.

[59] Kim, W.J., Chang, W., Qadri, S.B., Pond, J.M., Kirchoefer, S.W., Chrisey,D.B., Horwitz, J.S.: *Microwave properties of tetragonally distorted $(Ba_{0,5}Sr_{0,5})TiO_3$ thin films*. Applied Physics Letters, **76**, 9, S. 1185-7, 2000.

[60] Kinoshita, K., Yamij, A.: *Grain-size effects on dielectric properties in barium titanate ceramics*. Journal of Applied Physics, **47**, S. 371-3, 1976.

[61] Kleber, W., Bautsch, H.-J., Bohm, J., Kleber, I.: *Einführung in die Kristallographie*. 17., stark bearb. Aufl., Berlin: Verlag Technik, S. 339ff, 1990.

[62] Koh, J.-H., Grishin, A.: *Electrically tunable $Ag(Ta,Nb)O_3$ thin film structures on oxide substrates*. Integrated Ferroelectrics, **39**, 1-4, S. 331-8, 2001.

[63] Korn, D.S., Wu, H.-D.: *A comprehensive Review of Microwave system requirements on thin-film ferroelectrics*. Integrated Ferroelectrics, **24**, S. 215-37, 1999.

[64] Landolt-Börnstein: *Numerical data and functional relationships in science and technology*. New Series, Group III: Crystal and Solid State Physics, Springer Verlag, Berlin/Heidelberg, **16**, 1981.

[65] Lesch, G.: *Lehrbuch der Hochspannungstechnik*. Berlin: Springer Verlag, 1959.

[66] Liang, G., Dai, X., Hebert, D.F., Duzer, T. van, Newman, N., Cole, B.F.: *High-Temperature superconductor resonators and phase shifters*. IEEE Transactions on Applied Superconductivity, **1**, 1, S. 58-66, 1991.

[67] Lichtenecker, K.: *Der elektrische Leitungswiderstand künstlicher und natürlicher Aggregate*. Physikalische Zeitschrift, **25**, S. 225-233, 1924.

[68] Liebstückel, S., Stahl, R.: *Entwicklung eines Messplatzes zur Bestimmung der Steuerbarkeit von Dielektrika im Temperaturbereich von 30K - 600K*. Teamstudienarbeit, Universität Karlsruhe (TH), Institut für Werkstoffe der Elektrotechnik, 2000.

[69] Lutz, E.: *Multimediakommunikation über Satellit*. VDE ntz, Informationstechnik + Telekommunikation, Heft 11, 1998.

[70] Marutake, M., Ikeda, T.: *Elastic Constants of porous materials, especially of $BaTiO_3$ ceramics*. Journal of the Physical Society of Japan, **11**, 8, S. 814-8, 1956.

[71] McNeil, M.P., Jang, S.-J., Newnham, R.E.: *The effect of grain and particle size on the microwave properties of barium titante ($BaTiO_3$)*. Journal of Applied Physics, **83**, 6, S. 3288-97, 1998.

[72] Menesklou, W.: *Kompensationsmechanismen der Überschussladung in lanthandotiertem Barium- und Strontiumtitanat.* Dissertation, Universität Karlsruhe, 1996.

[73] Miranda, F.A., Van Keuls, F.W., Romanofsky, R.R., Subramanyam, G.: *Tunable microwave components for Ku- and K-band satellite communications.* NASA/TM-1998-206963, S. 1-9, 1998.

[74] Microsemi Corp.: *Microsemi MicroNotes.* aus http://www.microsemi.com, Series 101, 102, 103, 110, 114, 2002.

[75] Von Münch, W.: *Werkstoffe der Elektrotechnik.* 5. überarb. Auflage, Stuttgart: Teubner, 1985.

[76] Nagra, A.S., York, R. A.: *Distributed analog phase shifters with low insertion loss.* IEEE Transactions on Microwave Theory and Techniques, **47**, 9, S. 1705-11, 1999.

[77] Neiger, M.: *Grundgebiete der Elektrotechnik, Teil2.* Skriptum zur Vorlesung, LTI, Universität Karlsruhe (TH), WS95/96.

[78] Nguyen, C.: *Analysis Methods for RF, Microwave and Millimeter-Wave Planar Transmission Line Structures.* New York : John Wiley & Sons, 2000.

[79] O'Neill, D., Bowman, R.M., Gregg, J.M.: *Dielectric enhancement and Maxwell-Wagner effects in ferroelectric superlattice structures.* Applied Physics Letters, **77**, 10, S. 1520-2, 2000.

[80] Pawelczyk, M.: *Phase transitions in Ag(TaNb)O_3 solid solutions.* Phase Transitions, **8**, 9, S. 273-92, 1987.

[81] Pillai, K.P.P.: *Fringing field of finite parallel-plate capacitors.* Proceedings of the Institution of Electrical Engineers, **117**, 6, S. 1201-4, 1970.

[82] Pond, J.M., Kirchhoefer, S.W., Newman, H.S., Kim, W.J., Chang, W., Horwitz, J.S.: *Ferroelectric thin films on ferrites for tunable microwave device applications.* Proceedings of the 2000 12th IEEE International Symposium on Applications of Ferroelectrics, Volume: 1, S. 205-8, 2001.

[83] Press, W., Teucholsky, S.A., Vetterling, W.T., Flannery, B.P.: *NUMERICAL RECIPES in C, the art of scientific computing.* Second Edition, 1992.

[84] Razumov, S.V., Tumarkin, A.V., Gaidukov, M.M., Gagarin, A.G., Kozyrev, A.B., Vendik, O.G., Ivanov, A.V., Buslov, O.U., Keys, V.N., Sengupta, L.C., Zhang, X.: *Characterization of quality of $Ba_xSr_{1-x}TiO_3$ thin film by the commutation quality factor measured at microwaves.* Applied Physics Letters, **81**, S. 1675-7, 2002.

[85] Reisman, A., Holtzberg, F.: *Heterogeneous Equilibria in the Systems Li_2O, $Ag_2O-Nb_2O_5$ and Oxide-Models.* Journal of the American Ceramic Society, **80**, S. 6503-7, 1958.

[86] Rupprecht, G. ; Bell, R.: *Nonlinearity and microwave losses in cubic $SrTiO_3$.* Physical Review, **123**, 1, S. 97-98, 1961.

[87] Sakabe, Y., Wada, N., Hamaji, Y.: *Grain size effects on dielectric properties and crystal structure of fine-grained $BaTiO_3$ ceramics.* Journal of the Korean Physical Society, **32**, S. 260-4, 1998.

[88] Schächtele, N.: *Entwicklung eines Messplatzes zur Untersuchung von ferroelektrischen Bulkkeramiken und Dickschichten mit Hilfe von Impedanzspektroskopie.* Studienarbeit, Universität Karlsruhe (TH), Institut für Werkstoffe der Elektrotechnik, 2002.

[89] Schaumburg, H.: *Werkstoffe und Bauelemente der Elektrotechnik: Band 5, Keramik.* B.G. Teubner, Stuttgart, 1994.

[90] Schmid, D.: *Schichtverbunde aus (Ba,Sr)-Titanatkeramik.* Dissertation, Universität Karlsruhe, 1996.

[91] Schneider, B.: *Entwicklung eines Herstellungsverfahrens für $AgTa_xNb_{1-x}O_3$-Keramiken*. Seminararbeit, Universität Karlsruhe, 2000.

[92] Schomann, K.D.: *Elektrischer Durchschlag von Bariumtitanat- und Barium-Strontium-Titanat-Keramik*. Dissertation, Universität Karlsruhe, 1974.

[93] Schreiner, H.J.: *Temperaturunabhängige resistive Sauerstoffsensoren auf der Basis von $Sr(Ti,Fe)O_{3-\delta}$*. Dissertation, Universität Karlsruhe, 2000.

[94] Schwab, R., Spörl, R., Heidinger, R., Königer, F.: *MM-Wave Characterisation of Low Loss Dielectric Materials Using Open Resonators*. ITG Fachbericht; Displays and Vacuum Electronics, Nr. 150, S. 363-8, 1998.

[95] Seger, U., Knoll, P.M., Stiller, C.: *Sensor warning and collision warning systems*. SAE Technical Papers, PT-70, Object Detection, Collision Warning and Avoidance/Automotive Electronics Series, 2000-01-C001, 2000.

[96] Sengupta, L.C., Sengupta, S.: *Breakthrough advances in low loss, tunable dielectric materials*. Material Research Innovations, 2, S. 278-82, 1999.

[97] Simonyi, K.: *Theoretische Elektrotechnik*. Berlin: VEB Deutscher Verlag der Wissenschaften, 9. Auflage, S. 214-7 1989.

[98] Su, B., Button, T.W.: *Interactions between barium strontium titanate (BST) thick films and alumina substrates*. Journal of the European Ceramic Society, 21, S. 2777-81, 2001.

[99] Subramanyam, G., Van Keuls, F., Miranda, F.A.: *A K-band tuanble microstrip bandpass filter using a thin-film conductor/ferroelectric/dielectric multilayer configuration*. IEEE Microwave and Guided Wave Letters, 8, 2, S. 78-80, 1998.

[100] Takameto-Kobayashi, J.H., Jackson, C.M., Petti-Hll C.L., Burch, J.F.: *High Temperature Superconducting Monolithic Phase Shifter*. IEEE Transactions on Applied Superconductivity, 2, 1, S. 39-44, 1992.

[101] Thomann, H.: *Ferroelectricity from the aspect of crystal chemistry*. Siemens Forsch.- u. Entwickl.-Ber., 13, 1, S. 15-20, 1984.

[102] Thumm, M., Arnold, A., Braz, O.: *Hoch- und Höchstfrequenz-Halbleiterschaltungen*. Skriptum, 9. Aufl., Universität Karlsruhe (TH), WS02/03.

[103] Tuncer, E., Beom-Taek Lee, Islam, M.S., Neikirk, D.P.: *Quasi-static conductor loss calculations in tranmission lines using a new conformal mapping technique*. IEEE Transactions on Microwave Theory and Techniques, 42, 9, S. 1807-15, 1994.

[104] Valant, M., Suvorov, D., Hoffmann, C., Sommariva, H.: *$Ag(Nb,Ta)O_3$-based ceramics with supressed temperature dependence of permittivity*. Journal of the European Ceramic Society, 21, S. 2647-51, 2001.

[105] Van Keuls, F.W., Romanofsky, R.R., Mueller, C.H., Warner, J.D., Canedy, C.L., Ramesh,R., Miranda, F.A.: *Current status of thin film $(Ba,Sr)TiO_3$ tunable microwave components for RF communications*. Integrated Ferroelectrics, 34, S. 165-76, 2001.

[106] Varadan, V.K., Jose, K.A., Varadan, V.V.: *Design and development of electronically tunable microstrip antennas*. Smart Materials and Structures, 8, S. 238-42, 1999.

[107] Vendik, O.G., Hollmann, E.K., Kozyrev, A.B., Prudan, A.M.: *Ferroelectric tuning of planar and bulk microwave devices*. Journal of Superconductivity, 12, 2, S. 325-38, 1999.

[108] Vendik, O.G.: *Microwave tunable components and subsystems based on ferroelectrics: physics and principles of design.* Integrated Ferroelectrics, **49**, S. 181-90, 2002.

[109] Voigts, M., Menesklou, W., Ivers-Tiffée, E. : *Dielectric poperties and tunablility of BST and BZT thick films for microwave applications.* Integrated Ferroelectrics, **39**, S. 383-92, 2001.

[110] Voigts, M., Zimmermann, F., Xu, J., Menesklou, W., Ivers-Tiffée, E. : *Investigations of thick films for tunable microwave devices.* Materials Week 2002 in Munich, Germany, Proceedings, 2002.

[111] Volkov, A.A., Gorshunov, B.P., Komandin, G., Fortin, W., Kugel, G.E. Kania, A., Grigas, J. : *High-frequency dielectric spectra of $AgTaO_3$-$AgNbO_3$ mixed ceramics.* Journal of Physics / Condensed Matter, **7**, S. 785-93, 1995.

[112] Wang, C.L., Smith, S.R.P.: *Landau theory of the size-driven phase transition in ferroelectrics.* Journal of Physics: Condensed Matter, **7**, S. 7163-71, 1995.

[113] Weil, C., Wang, P., Downar, H., Wenger, J., Jakoby, R.: *Ferroelectric thick film ceramics for tunable microwave coplanar phase shifters.* Frequenz, **54**, S. 250-256, 2000.

[114] Weil, C., Luessem, G., Jakoby, R.: *Tunable inverted-microstrip phase shifter device using nematic liquid crystals.* Microwave Symposium Digest, 2002 IEEE MTT-S, Volume 1, S. 367-70, 2002.

[115] Wersing, W., Lubitz, K., Mohaupt, J.: *Dielectric, elastic and piezoelectric properties of porous PZT ceramics.* Ferroelectrics, **68**, S. 77-97, 1986.

[116] Wiener, O.: *Die Theorie des Mischkörpers für das Feld der stationären Strömung.* Abhandlung der mathematisch-physikalischen Klasse der königlich sächsischen Gesellschaft der Wissenschaft, **32**, S. 509-604, 1912.

[117] Wiesbeck, W., Schertlen, R., Haala, J.: *Skriptum zur Vorlesung Hochfrequenztechnik 1.* 7. Aufl., Universität Karlsruhe (TH), WS 1998/99.

[118] Wiesbeck, W.: *Skriptum zur Vorlesung Grundlagen der Hochfrequenztechnik* 5. Aufl., Universität Karlsruhe (TH), 1999.

[119] Wilber, W., Drach, W., Koscica, T., Babbit, R., Sengupta, L., Sengupta, S.: *Fabrication and performance of coplanar ferroelectric phase shifter.* Integrated Ferroelectrics, **19**, S. 149-58, 1998.

[120] Xu, J., Menesklou, W., Ivers-Tiffée, E.: *Processing and properties of BST thin films for tunable microwave devices.* Electroceramics, Rom, 2002.

[121] Zhang, L., Zhong, W.L., Wang, C.L., Peng, Y.P.,Wang, Y.G.: *Size dependence of dielectric properties and structural metastability in ferroelectrics.* The European Physical Journal B, **11**, S. 565-573, 1999.

[122] Zhong, W.L., Wang, Y.G., Zhang, P.L., Qu, B.D.: *Phenomenological study of the size effect on phase transitions in ferroelectric particles.* Physical Review B, **50**, S. 698-703, 1994.

[123] Zimmermann, F., Voigts, M., Weil, C., Jakoby, R., Wang, P., Menesklou, W., Ivers-Tiffée, E.: *Investigation of barium strontium titanate thick films for tunable phase shifters.* Journal of the European Ceramic Society, **21**, S. 2019-23, 2001.

[124] Zimmermann, F., Menesklou, W., Ivers-Tiffée, E.: *Electrical properties of silver-tantalate-niobate thick films.* Integrated Ferroelectrics, **50**, S. 181-8, 2002.

[125] Zimmermann, F., Voigts, M., Menesklou, W., Ivers-Tiffée, E.: $Ba_{0,6}Sr_{0,4}TiO_3$ *and* $BaZr_{0,3}Ti_{0,7}O_3$ *thick films as tunable microwave dielectrics.* Electroceramics, Rom, 2002.

[126] Zimmermann, F., Menesklou, W., Ivers-Tiffée, E.: *Investigation of Ag(Ta,Nb)O_3 as tunable microwave dielectric*. Electroceramics, Rom, 2002.

[127] Zimmermann, F., Hackenberg, U., Menesklou, W., Ivers-Tiffée, E.: *Impedanz-transformator, Phasenschieber und Verfahren zum Betreiben eines Phasenschiebers*. Deutsche Patentanmeldung 102 53 927.8-35, Anmeldetag 19. November 2002.

[128] Zinke, O., Brunswig, H.: *Hochfrequenztechnik 1 : Hochfrequenzfilter, Leitungen, Antennen*. Vclek, a., Hartnagel, H. (Hrsg.), 5. Aufl., Berlin : Springer-Verlag, 1995.

Anhang A

Mathematischer Anhang

A.1 Formeln für die quasi-statischen Berechnungen

A.1.1 Methode der Teilkapazitäten in Verbindung mit der konformen Abbildung

Bei der Berechnung der Gesamtkapazität zwischen zwei auf einem mehrschichtigen Substrat aufgebrachten Elektroden stellt sich die Frage, welchen Anteil die mit unterschiedlichen Permittivitäten behafteten Schichten an der Gesamtkapazität haben. Einen Ansatz zur Lösung bietet die Methode der Teilkapazitäten, bei der der gesamte felderfüllte Querschnitt in Teilbereiche mit homogenem Dielektrikum zerlegt wird und deren partielle Kapazitätsbeläge ermittelt werden. Die Summe aller Teilkapazitäten ergibt den Gesamtkapazitätsbelag C', welcher über die Gesamtlänge der Elektrode integriert die Gesamtkapazität ergibt.

Berechnung einer Teilkapazität

Die Methode zur Berechnung der Teilkapazitäten der IDC- und CPW-Strukturen soll nachfolgend anhand der Berechnung einer Teilkapazität einer CPW beschrieben werden.
In Bild A.1 ist die Zerlegung des CPW in homogene Teilbereiche gezeigt. Dabei gilt für die Permittivität der Teilbereiche I und II aufgrund der Überlappung der Bereiche

$$\epsilon_I = \epsilon_1 - \epsilon_{III} = \epsilon_1 - 1 \tag{A.1}$$

$$\epsilon_{II} = \epsilon_2 - \epsilon_1 \tag{A.2}$$

Zur Vereinfachung werden alle Grenzflächen zwischen verschiedenen Dielektrika (Luft/Dielektrikum, Dielektrikum/Dielektrikum), d.h. auch die Spalte des CPW als ideale magnetische Wände modelliert. Das bedeutet, der Vektor des magnetischen Felds steht in der Wandebene senkrecht zu ihr.

Die Methode der konformen Abbildung wird oft zur Lösung elektromagnetischer Randwertprobleme eingesetzt. Eine wichtige Anwendung ist die Berechnung quasi-statischer Lösungen zur Analyse von Wellenleitern.

Eine komplexe Abbildung w = f(z) bildet ein Gebiet der z-Ebene in ein Gebiet der w-Ebene ab. Von einer konformen Abbildung spricht man, wenn die Abbildungsfunktion w = f(z) analytisch und ihre erste Ableitung im gesamten Abbildungsgebiet ungleich Null ist [78]. Konforme Abbildungen

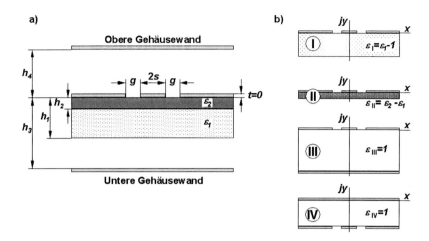

*Bild A.1: a) Querschnitt des CPW auf zweischichtigem Substrat mit Gehäuse
b) Zerlegung in homogene Teilbereiche*

besitzen folgende Eigenschaften, durch die reale Lösungen auch in der w-Ebene ermittelt werden können:

- Potentialfelder bleiben erhalten (Laplace-Gleichung auch in w-Ebene lösbar)
- „Abbildungstreue im Kleinen", z.B. Schnittwinkel von Kurven bleiben gleich
- Randbedingungen werden unverändert transformiert

Berücksichtigt man die Symmetrie von Teilbereich I, reicht es aus, den halben Bereich zu transformieren (Bild A.2). Um den gesamten Kapazitätsbelag des Teilbereichs I zu erhalten, wird das spätere gewonnene Ergebnis mit 2 multipliziert. Mit der ersten Transformation

$$t = cosh^2\left(\frac{\pi z}{2h_1}\right) \tag{A.3}$$

wird Teilbereich I auf den oberen Halbraum in der t-Ebene transformiert. Die Eckpunkte werden

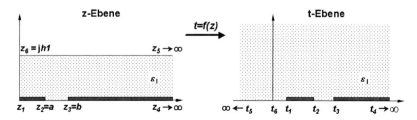

Bild A.2: Erste Transformation des an der Hälfte des an der x-Achse gespiegelten Teilbereichs I

A.1. FORMELN FÜR DIE QUASI-STATISCHEN BERECHNUNGEN

dabei mit

$$
\begin{aligned}
z_1 &= 0 & &\leftrightarrow & t_1 &= 1 \\
z_2 &= s = a & &\leftrightarrow & t_2 &= \cosh^2\left(\tfrac{\pi a}{2h_1}\right) \\
z_3 &= s + g = b & &\leftrightarrow & t_3 &= \cosh^2\left(\tfrac{\pi b}{2h_1}\right) \\
z_{4,5} &= \infty & &\leftrightarrow & t_{4,5} &= \infty \\
z_6 &= jh_1 & &\leftrightarrow & t_6 &= 0
\end{aligned}
\tag{A.4}
$$

auf die reele Achse der t-Ebene abgebildet.

Mit der zweiten Transformation, einer Schwarz-Christoffel Abbildung, kann die obere Halbebene der t-Ebene auf das Innere eines geschlossenen Polygons in der w-Ebene transformiert werden. Da,

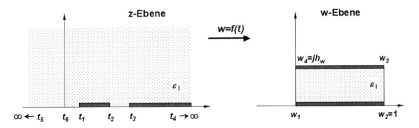

Bild A.3: *Zweite Transformation des Teilbereichs I (Schwarz-Christoffel Abbildung)*

wie in Bild A.3 zu sehen, auf das Innere eines Plattenkondensators in der w-Ebene abgebildet wird, sind die Drehwinkel $\chi_i = \pi/2$, $i = 1..4$, und die abzubildenden reellen Achsenabschnitte t_1, t_2, t_3 und t_4 aus Gleichung A.4 bekannt. Es läßt sich nach [78] die Schwarz-Christoffel-Transformation

$$
w = A \int_0^t \frac{dt'}{\sqrt{(t'-t_1)(t'-t_2)(t'-t_3)}} + B
\tag{A.5}
$$

aufstellen, wobei die untere Integrationsgrenze aufgrund der noch unbestimmten Konstanten A und B willkürlich auf Null gesetzt wurde.

Das Integral in Gl. A.5 kann in ein unvollständiges elliptischen Integral 1. Ordnung $sn^{-1}(s_{sn}, k_{sn})$ [12], [78] umgewandelt werden. In $sn^{-1}(s_{sn}, k_{sn})$ ist s_{sn} die obere Integrationsgrenze. Durch Umformung von Gl. A.5, Einsetzen von $t_1 = 1$ und wiederholte Substitution der Integrationsvariable erhält man

$$
w = A' \cdot sn^{-1}(s_{sn}, k_{sn}) + B' = A' \int_0^{s_{sn}} \frac{du'}{\sqrt{(1-u'^2)(1-k_{sn}u'^2)}} + B'
\tag{A.6}
$$

mit

$$
s_{sn} = \sqrt{\frac{t-1}{t_2-1}} \qquad \text{und} \qquad k_{sn} = \frac{t_2-1}{t_3-1}.
\tag{A.7}
$$

Da bei der Schwarz-Christoffel Abbildung nur 3 Punkte willkürlich festgelegt werden dürfen, wird bei der Festlegung der Ecken in der w-Ebene die noch unbestimmte Konstante h_w eingeführt:

$$
\begin{aligned}
t_1 &= 0 & &\leftrightarrow & w_1 &= 0 \\
t_2 &= \cosh^2\left(\tfrac{\pi a}{2h_1}\right) & &\leftrightarrow & w_2 &= 1 \\
t_3 &= \cosh^2\left(\tfrac{\pi b}{2h_1}\right) & &\leftrightarrow & w_3 &= 1 + jh_w \\
t_{4,5} &= \infty & &\leftrightarrow & w_{4,5} &= jh_w
\end{aligned}
\tag{A.8}
$$

Einsetzen von Gleichung A.8 in Gleichung A.6 und Eliminieren von A' und B' führt auf

$$h_w = \frac{-j\left[sn^{-1}\left(k_1^{-1},k_1\right) - sn^{-1}(1,k_1)\right]}{sn^{-1}(1,k_1)}, \quad (A.9)$$

was mit den Beziehungen für elliptische Integrale (aus [78], aber Fehler in Gl.(5.56), S.103)

$$sn^{-1}(k_1^{-1},k_1) = K(k_1) + j \cdot K(k_1'), \quad k_1' = \sqrt{1 - k_1^2}$$
$$sn^{-1}(1,k_1) = K(k_1) \quad (A.10)$$

($sn^{-1}(1,k_1)$ bzw. $K(k_1)$ vollständiges Integral 1. Ordnung) auf den Elektrodenabstand h_w führt

$$h_w = \frac{K(k_1')}{K(k_1)}. \quad (A.11)$$

Mit der festgelegten Breite der Kondensatorplatten auf $B = 1$ und dem berechneten Elektrodenabstand h_w gilt damit

$$C_1' = 2 \cdot (\epsilon_1 - 1)\epsilon_0 \frac{K(k_1)}{K(k_1')} \quad (A.12)$$

$$k_1 = \sqrt{\frac{t_2 - 1}{t_3 - 1}} = \frac{sinh\left(\frac{\pi s}{2h_1}\right)}{sinh\left(\frac{\pi(s+g)}{2h_1}\right)} \quad (A.13)$$

für den Kapazitätsbelag des Teilraumes I. Der Faktor 2 resultiert, wie bereits oben angeführt, aus der konformen Abbildung der Hälfte der Anordnung und damit der halben Teilkapazität. Dieses Resultat stimmt mit dem in [33] aufgeführten überein.

Die Abbildung der Bereiche II, III und IV erfolgt analog zur Herleitung des letzten Abschnitts, für die Bereiche III und IV jedoch mit anderen Abbildungsfunktionen. Der Gesamtkapazitätsbelag ist nun

$$C' = C_I' + C_{II}' + C_{III}' + C_{IV}'. \quad (A.14)$$

Grenzen

Für sehr dünne Substratschichten und geringe Abstände der Gehäusewände zur Schaltung wird das obige Modell ungenau, da die Annahme magnetischer Wände nicht dem realen Feldbild entspricht. Im Falle einer dünnen zweiten Schicht (in dieser Anwendung sind es wenige μm) ist diese Annahme zum Beispiel in der Nähe der Leiterkanten Substrat/ferroelektrische Schicht grundsätzlich falsch. In der Praxis hat sich allerdings gezeigt, dass dies die Ergebnisse für die Gesamtkapazität C' kaum beinflußt. Eine qualitative Erklärung könnte die Gegenüberstellung der Energien der Teilbereiche liefern, in denen die Annahme magnetischer Wände die Realität stark verzerrt (an Leiterkanten bzw. unter dem Innenleiter) und die Teilbereiche, in denen die Annahme näherungsweise korrekt ist (im Spalt). Gegen hohe Frequenzen nähert sich die Quasi-TEM-Welle der CPW immer stärker einer Schlitzleitungswelle, dessen Hauptfeldenergie sich im Schlitz und dessen unmittelbarer Umgebung befindet [49]. Simulationsergebnisse zeigten, dass für die in dieser Arbeit verwendete CPW dieser Fall zutrifft und somit auch die Annahme magnetischer Wände gilt.

A.1. FORMELN FÜR DIE QUASI-STATISCHEN BERECHNUNGEN

A.1.2 Moduli der elliptischen Integrale des Interdigitalkondensators

Berechnung der Moduli der Dreifingerkapazität

Für die Moduli der Dreifingerkapazität $k_{3,m}$, mit $m = 0$ für den Teilbereich der Luft $m = 1$ für das Substrat und $m = 2$ für die Dickschicht gilt:

$$k_{3,m} = \frac{s}{s+2w} \cdot \sqrt{\frac{1 - \left(\frac{s+2w}{3s+2w}\right)^2}{1 - \left(\frac{s}{3s+2w}\right)^2}} \qquad \text{für } m = 0 \qquad \text{(A.15)}$$

$$k_{3,m} = \frac{\sinh\left(\pi \cdot \frac{s}{2h_m}\right)}{\sinh\left(\pi \cdot \frac{3s+2g}{2h_m}\right)} \cdot \sqrt{\frac{1 - \left(\frac{\sinh\left(\pi \cdot \frac{s+2w}{2h_m}\right)}{\sinh\left(\pi \cdot \frac{3s+2w}{2h_m}\right)}\right)^2}{1 - \left(\frac{\sinh\left(\pi \cdot \frac{s}{2h_m}\right)}{\sinh\left(\pi \cdot \frac{3s+2w}{2h_m}\right)}\right)^2}} \qquad \text{für } m = 1 \text{ bzw. } 2 \qquad \text{(A.16)}$$

$$k'_{3,m} = \sqrt{1 - k_{3,m}^2} \qquad \text{(A.17)}$$

Berechnung der Moduli des periodischen Bereichs

Für die Moduli der Dreifingerkapazität $k_{n,m}$, mit $m = 0$ für den Teilbereich der Luft $m = 1$ für das Substrat und $m = 2$ für die Dickschicht gilt:

$$k_{n,m} = \frac{s}{s+w} \qquad \text{für } m = 0 \qquad \text{(A.18)}$$

$$k_{n,m} = \frac{\sinh\left(\pi \cdot \frac{s}{2h_m}\right)}{\sinh\left(\pi \cdot \frac{s+2g}{2h_m}\right)} \cdot \sqrt{\frac{\cosh\left(\pi \cdot \frac{s+w}{2h_m}\right)^2 + \sinh\left(\pi \cdot \frac{s+w}{2h_m}\right)^2}{\cosh\left(\pi \cdot \frac{s}{2h_m}\right)^2 + \sinh\left(\pi \cdot \frac{s+w}{2h_m}\right)^2}} \qquad \text{für } m = 1 \text{ bzw. } 2 \qquad \text{(A.19)}$$

$$k'_{n,m} = \sqrt{1 - k_{n,m}^2} \qquad \text{(A.20)}$$

Berechnung der Moduli der Fingerenden

Für die Moduli der Dreifingerkapazität $k_{end,m}$, mit $m = 0$ für den Teilbereich der Luft $m = 1$ für das Substrat und $m = 2$ für die Dickschicht gilt:

$$k_{end,m} = \frac{x}{x+2w_{end}} \cdot \sqrt{\frac{1 - \left(\frac{x+2w_{end}}{x+s_{end}+2w_{end}}\right)^2}{1 - \left(\frac{s}{x+s_{end}+2w_{end}}\right)^2}} \qquad \text{für } m = 0 \qquad \text{(A.21)}$$

$$k_{end,m} = \frac{\sinh\left(\pi \cdot \dfrac{x}{2h_m}\right)}{\sinh\left(\pi \cdot \dfrac{x+2w_{end}}{2h_m}\right)} \cdot \sqrt{\frac{1 - \dfrac{\sinh\left(\pi \cdot \dfrac{x+2w_{end}}{2h_m}\right)^2}{\sinh\left(\pi \cdot \dfrac{x+s_{end}+2w_{end}}{2h_m}\right)^2}}{1 - \dfrac{\sinh\left(\pi \cdot \dfrac{x}{2h_m}\right)^2}{\sinh\left(\pi \cdot \dfrac{x+s_{end}+2g_{end}}{2h_m}\right)^2}}} \qquad \text{für } m = 1 \text{ bzw. } 2 \quad \text{(A.22)}$$

$$k'_{end,m} = \sqrt{1 - k^2_{end,m}} \qquad \text{(A.23)}$$

A.1.3 Näherungen für die quasi-statische Berechnung dünner Schichten

Der Modus k_2 der Dickschicht strebt für eine Schichtdicke $h_2 \ll s,g$ gegen sehr kleine Werte, für welche sowohl die in MathCAD verwendete LegendreF-Formel für Elliptische Integrale als auch die in der Programmiersprache C implementierte Formel [83] nicht konvergiert. Die Berechnung des elliptischen Integrals der Dickschicht erfolgt daher wie in [33] vorgeschlagen mit einer Reihenentwicklung bis zur 4. Ordnung. Für $m = k - 2^2$ und $m' = 1 - k_2^2$ gilt:

$$\frac{K(k_2)}{K(k'_2)} = -\pi \left\{ \ln\left[\frac{m}{16} + 8\left(\frac{m}{16}\right)^2 + 84\left(\frac{m}{16}\right)^3 + 992\left(\frac{m}{16}\right)^4\right]\right\}^{-1} \qquad \text{für} \quad 0 < k_2 \leq \frac{1}{\sqrt{2}} \quad \text{(A.24)}$$

$$\frac{K(k_2)}{K(k'_2)} = -\frac{1}{\pi} \left\{ \ln\left[\frac{m'}{16} + 8\left(\frac{m'}{16}\right)^2 + 84\left(\frac{m'}{16}\right)^3 + 992\left(\frac{m'}{16}\right)^4\right]\right\} \qquad \text{für} \quad \frac{1}{\sqrt{2}} < k_2 < 1 \quad \text{(A.25)}$$

Auch für Gl. 2.64 können für

$$\frac{h_2}{s+g} < \frac{1}{500} \qquad \text{(A.26)}$$

Konvergenzprobleme auftreten. Daher wird folgende Näherung für k_2 verwendet:

$$k_2 \approx e^{\left(-\dfrac{\pi g}{2h_2}\right)} \qquad \text{(A.27)}$$

A.2 Zur Auswertung des Leitungsresonators

Im Folgenden wird die im Rahmen einer Diplomarbeit [43] hergeleitete Auswerteroutine des Leitungsresonators beschrieben. Die Güte Q_L des belasteten Resonators wird durch Messung der Resonanzfrequenz f_R und den -3 dB-Frequenzpunkten f_u und f_o des Transmissionskoeffizienten $|S_{21}|$ nach [20], S. 345f bestimmt:

$$Q_L = \frac{\omega_R W_R}{P_{ges}} = \frac{f_{Rn}}{B_{3dB}} = \frac{f_{Rn}}{f_o - f_u} \qquad (A.28)$$

W_R: Mittlere im Resonator gespeicherte Feldenergie für $\omega = \omega_R$
P_{ges}: Mittlere Verlustwirkleistung im Resonator und in der äußeren Beschaltung für $\omega = \omega_R$
B_{3dB}: 3 dB Bandbreite

Zur Berechnung der intrinsischen Verluste des Resonators benötigt man dessen unbelastete Güte Q. Für diese gilt

$$Q = \frac{\omega_R W_R}{P_R} \qquad (A.29)$$

P_R: Mittlere dissipierte Wirkleistung im Resonator für $\omega = \omega_R$

Geht man von einem reinen Serienschwingkreisverhalten aus, was bei der Betrachtung der gemessenen Transmissionskurven in erster Näherung als gerechtfertigt erscheint, kann unabhängig von der Art der Kopplung für den Resonanzkreis und dessen äußerer Beschaltung das in Bild A.4a gezeigte allgemeine Ersatzschaltbild angenommen werden. In diesem ist die Ankopplung durch die Impedanz $R_K + jX_K$ und einen idealen Transformator beschrieben [38,117]. Der Blindwiderstand X_K wird bereits durch die Beschreibung der Endkapazität mittels einer effektiven Länge (s.o.) berücksichtigt und kann daher zu Null gesetzt werden.

Wird von einer verlustlosen Ankopplung ($R_K = 0$) ausgegangen, kann das Ersatzschaltbild in das in Bild A.4b gezeigte überführt werden. In diesem ist die äußere Beschaltung in den Resonanzkreis transformiert. Die Koppelfaktoren

$$\beta_1 = \frac{n_1^2 Z_0}{R_s} \qquad \beta_2 = \frac{n_2^2 Z_0}{R_s} \qquad (A.30)$$

sind über das Verhältnis der transformierten Impedanzen definiert.

Aus Gl. A.28 und Gl. A.29 folgt mit

$$\begin{aligned} W_R &= 2W_L = 2W_C = \frac{1}{2}\omega_R L_S \underline{I}\,\underline{I}^* = \frac{1}{2}\omega_R C_S \underline{U}\,\underline{U}^* \\ P_R &= \frac{1}{2}R_S \underline{I}\,\underline{I}^* \\ P_{ges} &= \frac{1}{2}R_S(1 + \beta_1 + \beta_2)\underline{I}\,\underline{I}^* \end{aligned} \qquad (A.31)$$

(W_L/W_C = mittlere gespeicherte Energie in Induktivität/Kondensator, [20]) für die Güten

$$Q = \frac{\omega_R L_S}{R_S}, \qquad Q_L = \frac{\omega_R L_S}{R_S(1 + \beta_1 + \beta_2)}. \qquad (A.32)$$

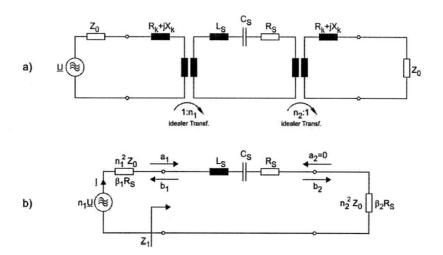

Bild A.4: *Ersatzschaltbild des Leitungsresonators mit äußerer Beschaltung, a) Allgemein; b) Für $R_K = 0$, $X_K = 0$ und Transformation in den Resonanzkreis [43]*

Für die Abhängigkeit der Güten gilt daher

$$Q = Q_L(1 + \beta_1 + \beta_2). \tag{A.33}$$

Um Gl. A.33 mit messbaren Größen auszudrücken, wird die Leistungsbilanz

$$|\underline{a}_1|^2 = |\underline{b}_1|^2 + |\underline{b}_2|^2 + P_R \tag{A.34}$$

aufgestellt (siehe auch [20]), die umgeformt

$$|\underline{S}_{21}|^2 = 1 - |\underline{S}_{11}|^2 - \frac{P_R}{|\underline{a}_1|^2} \tag{A.35}$$

ergibt (siehe auch Gl. 2.50). Aus dem Ersatzschaltbild in Bild A.4 stellt man Gleichungen für den Reflexionsfaktor $|\underline{r}_1|$ an Tor 1 nach Gl. 2.51 und die mittlere Verlustwirkleistung P_R im Resonator auf

$$|\underline{r}_1|^2 = |\underline{S}_{11}|^2 = \left|\frac{Z_1 - \beta_1 R_S}{Z_1 + \beta_1 R_S}\right|^2 = \left|\frac{(1+\beta_2)R_S + j(\omega L_S - 1/(\omega C_S)) - \beta_1 R_S}{(1+\beta_2)R_S + j(\omega L_S - 1/(\omega C_S)) + \beta_1 R_S}\right|^2 \tag{A.36}$$

$$P_R = \frac{1}{2} R_S \underline{I} \cdot \underline{I}^* = \frac{1}{2} \cdot \frac{\beta_1 R_S^2}{Z_0 \left|(1+\beta_1+\beta_2)R_S + j(\omega L_S - 1/(\omega C_S))\right|^2} \underline{U}\,\underline{U}^*. \tag{A.37}$$

Die maximale Leistung, die eine Quelle an einen angepaßten Verbraucher abgeben kann, ist gleich der Leistung der einfallenden Welle (siehe [77], S. 117):

$$|\underline{a}_1|^2 = \frac{1}{8} \frac{n_1^2 \underline{U}\,\underline{U}^*}{n_1^2 Z_0} = \frac{1}{8} \frac{\underline{U}\,\underline{U}^*}{Z_0} \tag{A.38}$$

A.2. ZUR AUSWERTUNG DES LEITUNGSRESONATORS

Setzt man Gl. A.36, Gl. A.37, Gl. A.38 in Gl. A.35 ein so kommt man nach längerer algebraischer Umformung auf

$$|\underline{a}_1| = \sqrt{\frac{4\beta_1\beta_2}{(1+\beta_1+\beta_2)^2 + Q^2\nu^2}}$$

$$\nu = \left(\frac{\omega}{\omega_R} - \frac{\omega_R}{\omega}\right) \quad \text{(A.39)}$$

$$\omega_R = \frac{1}{\sqrt{L_S C_S}}$$

Betrachtet man Gl. A.39 für $\omega = \omega_R$ und symmetrischer Kopplung ($\beta = \beta_1 = \beta_2$), so berechnet sich der Kopplungsfaktor zu

$$\beta = \frac{|\underline{S}_{21}|}{2(1 - |\underline{S}_{21}|)}. \quad \text{(A.40)}$$

In Gl. A.40 eingesetzt, erhält man die in [41] und [49] angegebene Formel

$$Q = \frac{Q_L}{1 - |\underline{S}_{21}|} \quad \text{(A.41)}$$

für die Berechnung der unbelasteten Güte aus der belasteten Güte.

Somit erhält man zwei unterschiedliche Möglichkeiten zur Bestimmung von Q aus der Messung: Entweder man berechnet Q_L aus den abgelesenen Frequenzen nach Gl. A.28 und berechnet Q nach Gl. A.41, oder man passt die gemessene Transmissionparameterkurve $|\underline{S}_{21}| = g(\omega)$ an den funktionalen Zusammenhang aus Gl. A.39 an.

A.3 Kondensator mit unebenen Elektroden

Zur Berechnung der Kapazität eines Kondensators mit unebenen Elektroden und somit variierendem Elektrodenabstand wird der Kondensator in n kleine Kondensatoren mit gleicher Fläche $\Delta A_i = \Delta A$ und variabler Dicke d_i unterteilt (siehe Bild A.5). Die Dicke d_i innerhalb der kleinen Kondensatoren bleibt konstant.

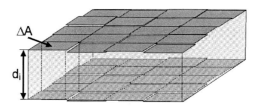

Bild A.5: *Unterteilung eines Kondensators in n kleine Kondensatoren mit gleicher Fläche $\Delta A_i = \Delta A$ und variabler Dicke d_i*

Unter der Annahme einer geringen die Variation der Dicken d_i, kann innerhalb der kleinen Kondensatoren von einer homogenen Feldverteilung ohne Randfelder ausgegangen werden. Somit kann die Kapazität $\Delta \underline{C}_i$ der einzelnen Kondensatoren mit Gl.(2.22) berechnet werden.

$$\Delta \underline{C} = \epsilon_0 \underline{\epsilon}_r \frac{\Delta A_i}{d_i} = \epsilon_0 \underline{\epsilon}_r \frac{\Delta A}{d_i} \tag{A.42}$$

Für die Dicke d_i wird eine geringe Abweichung x_i um einen Mittelwert d_0 angenommen.

$$d_i = d_0 + x_i \tag{A.43}$$

Die Gleichung für die Kapazität lautet nun:

$$\Delta \underline{C} = \epsilon_0 \underline{\epsilon}_r \frac{\Delta A}{d_0 + x_i} = \epsilon_0 \underline{\epsilon}_r \frac{\Delta A}{d_0 \left(1 + \frac{x_i}{d_0}\right)} \tag{A.44}$$

Für $\frac{x_r}{d_0} \ll 1$ gilt

$$\frac{1}{1 + \frac{x_i}{d_0}} \approx 1 - \frac{x_i}{d_0} \quad , \tag{A.45}$$

was eingesetzt in Gl.(A.44)

$$\Delta \underline{C} = \epsilon_0 \underline{\epsilon}_r \frac{\Delta A}{d_0} \left(1 - \frac{x_i}{d_0}\right) \tag{A.46}$$

ergibt.

Die Gesamtkapazität des Kondensators errechnet sich zu

$$\underline{C} = \sum_{i=1}^{n} \Delta \underline{C}_i = \epsilon_0 \underline{\epsilon}_r \frac{\Delta A}{d_0} \sum_{i=1}^{n} \left(1 - \frac{x_i}{d_0}\right) = n\epsilon_0 \underline{\epsilon}_r \frac{\Delta A}{d_0} - \epsilon_0 \underline{\epsilon}_r \frac{\Delta A}{d_0} \sum_{i=1}^{n} \frac{x_i}{d_0} = \epsilon_0 \underline{\epsilon}_r \frac{A}{d_0} - \epsilon_0 \underline{\epsilon}_r \frac{\Delta A}{d_0^2} \sum_{i=1}^{n} x_i \tag{A.47}$$

Ist d_0 der arithmetische Mittelwert aller d_i so folgt aus

$$d_0 = \frac{\sum_{i=1}^{n} d_i}{n} = \frac{\sum_{i=1}^{n} (d_0 + x_i)}{n} = \frac{\sum_{i=1}^{n} d_0}{n} + \frac{\sum_{i=1}^{n} x_i}{n} = \frac{n d_0}{n} + \frac{\sum_{i=1}^{n} x_i}{n} = d_0 + \frac{\sum_{i=1}^{n} x_i}{n} \quad , \tag{A.48}$$

dass
$$\sum_{i=1}^{n} x_i = 0 \quad . \tag{A.49}$$

Somit folgt für die Kapazität $\underline{C}$ aus Gl.(A.47)

$$\underline{C} = \epsilon_0 \underline{\epsilon}_r \frac{A}{d_0} \quad . \tag{A.50}$$

Unter den oben angegeben Voraussetzungen kann die Gesamtkapazität eines Kondensators mit unebenen Elektroden durch den durch arithmetische Mittelwertbildung gewonnenen Wert d_0 genau errechnet werden.

A.4 Fehlerrechnung Interdigitalkondensator (IDC)

Mit den in Tab. 4.3 angenommenen Einzelfehler für die Worst-Case-Fehlerabschätzung der Materialcharakterisierung mit der IDC-Methode können die Gleichungen für die Gesamtfehler der Leitungs- und der Materialparameter aufgestellt und in diesen die partiellen Ableitungen berechnet werden:

$$\begin{aligned}\Delta \epsilon_2 &= \left|\frac{\partial \epsilon_2}{\partial C}\right| \Delta C + \left|\frac{\partial \epsilon_2}{\partial \epsilon_1}\right| \Delta \epsilon_1 + \left|\frac{\partial \epsilon_2}{\partial L}\right| \Delta L \\ &+ \left|\frac{\partial \epsilon_2}{\partial w}\right| \Delta w + \left|\frac{\partial \epsilon_2}{\partial s}\right| \Delta s + \left|\frac{\partial \epsilon_2}{\partial h_2}\right| \Delta h_2 \\ &= \frac{4{,}81}{\text{pF}} \cdot \Delta C + 7{,}68 \cdot \Delta \epsilon_1 + \frac{0{,}054}{\mu\text{m}} \cdot \Delta L \\ &+ \frac{4{,}42}{\mu\text{m}} \cdot \Delta w + \frac{0{,}75}{\mu\text{m}} \cdot \Delta s + \frac{82{,}9}{\mu\text{m}} \cdot \Delta h_2 \end{aligned} \tag{A.51}$$

Dazu wurden die Gl. 2.25ff zur Berechnung der partiellen Ableitungen herangezogen. Da keine geschlossene analytische Formulierung des Zusammenhangs zwischen w, s und h_2 und ϵ_2 besteht (s. Abschn. 2.2.2), werden die Einzelfehler mittels quasi-statischer Rechnung bestimmt und in die Formel eingesetzt.

Bei der Berechnung des Gesamtfehlers der Dickschichtverluste $\tan\delta_2$ muss zusätzlich zu den oben angeführten Einzelfehlern der Messfehler bei der Bestimmung der effektiven Gesamtverluste $\tan\delta_{eff}$ mit einbezogen werden. Aufgrund der geringen Substratverluste $\tan\delta_1$ wird eine Varianz dieser Verluste in der Fehlerrechnung vernachlässigt. Die Fehler bei der Bestimmung von $\Delta\tan\delta_{eff}$, der halben Fingerbreite s, der halben Spaltbreite w und der Permittivität des Substrats ϵ_1 machen 82 % (Stickstoffmessplatz) bis 97 % (Kryostatmessplatz) des Gesamtfehlers der Verluste aus, weshalb weitere Fehlereinflüsse in der folgenden Gesamtfehlergleichung nicht aufgeführt werden.

$$\begin{aligned}\Delta \tan \delta_2 &= + \left|\frac{\partial \tan \delta_2}{\partial \epsilon_1}\right| \Delta \epsilon_1 + \left|\frac{\partial \tan \delta_2}{\partial w}\right| \Delta w + \left|\frac{\partial \tan \delta_2}{\partial s}\right| \Delta s \\ &+ \left|\frac{\partial \tan \delta_2}{\partial \tan \delta_{eff}}\right| \Delta \tan \delta_{eff} \\ &= +0{,}015\,\% \cdot \Delta \epsilon_1 + \frac{8}{\text{m}} \cdot \Delta w + \frac{14}{\text{m}} \cdot \Delta s \\ &+ 0{,}591\,\% \cdot \Delta \tan \delta_{eff} \end{aligned} \tag{A.52}$$

Wie in Gleichung A.51 wird auch in Gleichung A.52 der Einzelfehler durch die Unsicherheit von w und s mittels quasi-statischer Rechnung bestimmt.

A.5 Fehlerrechnung Koplanarresonator (CPW)

Mit den in Tab. 4.6 angenommenen Einzelfehler für die Worst-Case-Fehlerabschätzung der Materialcharakterisierung mit der 2-Resonatoren-Methode können die Gleichungen für die Gesamtfehler der Leitungs- und der Materialparameter aufgestellt und in diesen die partiellen Ableitungen berechnet werden:

$$\begin{aligned}\Delta \epsilon_{r,eff} &= \left|\frac{\partial \epsilon_{r,eff}}{\partial f_{R,1}^{(m)}}\right| \Delta f_{R,1}^{(m)} + \left|\frac{\partial \epsilon_{r,eff}}{\partial B_1}\right| \Delta B_1 + \left|\frac{\partial \epsilon_{r,eff}}{\partial f_{R,2}^{(m)}}\right| \Delta f_{R,2}^{(m)} + \left|\frac{\partial \epsilon_{r,eff}}{\partial B_2}\right| \Delta B_2 \\ &+ \left|\frac{\partial \epsilon_{r,eff}}{\partial (L_2 - L_1)}\right| \Delta(L_2 - L_1) \\ &= \frac{1{,}57}{\text{GHz}} \cdot \Delta f_{R,1}^{(m)} + \frac{0{,}77}{\text{GHz}} \cdot \Delta B_1 + \frac{3{,}12}{\text{GHz}} \cdot \Delta f_{R,2}^{(m)} + \frac{1{,}62}{\text{GHz}} \cdot \Delta B_2 \\ &+ \frac{4{,}22}{\text{mm}} \cdot \Delta(L_2 - L_1) \end{aligned} \quad (A.53)$$

$$\Delta Q = \left|\frac{\partial Q}{\partial f_{R,2}^{(m)}}\right| \Delta f_{R,2}^{(m)} + \left|\frac{\partial Q}{\partial B_2}\right| \Delta B_2 = \frac{1{,}05}{\text{GHz}} \cdot \Delta f_{R,2}^{(m)} + \frac{10{,}18}{\text{GHz}} \cdot \Delta B_2 \quad (A.54)$$

$$\begin{aligned}\Delta \epsilon_2 &= \left|\frac{\partial \epsilon_2}{\partial \epsilon_{r,eff}}\right| \Delta \epsilon_{r,eff} + \left|\frac{\partial \epsilon_2}{\partial \epsilon_1}\right| \Delta \epsilon_1 + \left|\frac{\partial \epsilon_2}{\partial q_2}\right| \Delta q_2 \\ &= 76{,}72 \cdot \Delta \epsilon_{r,eff} + 29{,}72 \cdot \Delta \epsilon_1 + 21034 \cdot \Delta q_2 \end{aligned} \quad (A.55)$$

$$\begin{aligned}\Delta \tan \delta_2 &= \left|\frac{\partial \tan \delta_2}{\partial \epsilon_2}\right| \Delta \epsilon_2 + \left|\frac{\partial \tan \delta_2}{\partial \epsilon_1}\right| \Delta \epsilon_1 + \left|\frac{\partial \tan \delta_2}{\partial q_2}\right| \Delta q_2 + \left|\frac{\partial \tan \delta_2}{\partial Q}\right| \Delta Q + \left|\frac{\partial \tan \delta_2}{\partial R_S}\right| \Delta R_S \\ &= 6{,}61 \cdot 10^{-4} \cdot \Delta \epsilon_2 + 6{,}59 \cdot 10^{-3} \cdot \Delta \epsilon_1 + 13{,}9 \cdot \Delta q_2 + 0{,}016 \cdot \Delta Q + \frac{0{,}24}{\Omega} \cdot \Delta R_S \end{aligned} \quad (A.56)$$

Dazu wurden Gl. 4.5-A.28, Gl. A.41, Gl. 4.11 und Gl. 4.12 zur Berechnung der partiellen Ableitungen herangezogen. Da keine geschlossene analytische Formulierung des Zusammenhangs zwischen h_2 und dem Füllfaktor q_2 besteht (siehe Abschn. 2.2.4.2), wird mittels quasi-statischer Rechnung ein Einzelfehler von $\Delta q_2(\Delta h_2) = 64 \cdot 10^{-5}$ berechnet.

Anhang B

Eigenschaften der Ausgangspulver

Tabelle B.1: *Eigenschaften der Ausgangspulver*

Pulver	Hersteller	Hauptverunreinigungen	d_{50} / μm
$SrCO_3$	Merck, Selectipur	Ca < 440 ppm $^{\#}$ Ba < 110 ppm $^{\#}$ Al < 100 ppm $^{\#}$ Na < 71 ppm $^{\#}$ K < 50 ppm $^{\#}$	$1,9^I$ $1,3^I$
$BaCO_3$	Merck, Selectipur	Sr < 700 ppm $^{\#}$ Ca < 200 ppm $^{\#}$ Al < 50 ppm $^{\#}$ K < 50 ppm $^{\#}$ Na < 50 ppm $^{\#}$ Mg < 20 ppm $^{\#}$	
TiO_2	Bayer, Bayertitan PK5594	Nb ca. 70 ppm $^{\#}$ P ca. 50 ppm $^{\#}$ Si < 40 ppm * K ca. 20 ppm $^{\#}$ S ca. 50 ppm $^{\#}$	$1,3^I$ $1,1^I$ (nach 2 h RB)
Ag_2O	Alfa Aesar, 99,9%	Na 30 ppm $^{+}$ Ca ca. 20 ppm $^{+}$ Fe 17,3 ppm $^{+}$ Pb 16,2 ppm $^{+}$	$3,3^I$ $1,1^I$ (nach 170 h RB)
Nb_2O_5	H.C. Starck, 99,9%	Ta < 12 ppm $^{\#}$ Fe < 10 ppm $^{\#}$ Si < 10 ppm $^{\#}$ Alkali < 30 ppm $^{\#}$	$0,56^{\#}$ $0,3^I$
Ta_2O_5	H.C. Starck, 99,9%	Nb < 10 ppm $^{\#}$ Fe < 10 ppm $^{\#}$ Si < 10 ppm $^{\#}$ Alkali < 30 ppm $^{\#}$	$0,65^{\#}$ $0,6^I$

^{I} Messung am IWE, $^{+}$ Messung am Institut für Petrographie und Geochemie (HR-ICP-MS, AXIOM, bzw. für Ca: Q-ICP-MS, Plasmaquad PQ2, 2000), * Messung bei Siemens (ZFE T MR3, 1995), $^{\#}$ Herstellerangaben

Anhang C

Technologiedetails

C.1 Schleifen und Polieren

Tabelle C.1: Parameter zum Schleifen und Polieren

	Schleifen 1	Schleifen 2	Polieren 1	Polieren 2	Ätzpolieren
Unterlage	MD-Piano	MD-Largo	MD-Plan	MD-Plan	MD-Chem
S/P-Mittel	Diamant	DP-Susp.	DP-Susp.	DP-Susp.	OP-S
Korngröße	220 µm	6 µm	3 µm	1 µm	0,25 µm
Schmiermittel	Wasser	DP-Lubricant weiss	DP-Lubricant weiss	DP-Lubricant weiss	DP-Lubricant weiss
Umdrehung	150 /min	150 /min	150 /min	150 /min	150 /min
Anpresskraft	25 N	25 N	25 N	25 N	25 N
Zeit	bis plan	15 min	15 min	15 min	5 min

Die verwendeten Schleif- und Poliermittel stammen aus dem Sortiment der Fa. Stuers

C.2 Galvanisches Verstärken

Tabelle C.2: Arbeitsbedingungen für das Galvanikbad AURUNA 572

Stromdichte:	0,4 A/dm^2
Spannung:	2 bis 2,5 V
Abscheidungsgeschwindigkeit:	ca. 1 µm in 4 min
Goldgehalt des Bades:	9 bis 12 g/l
pH-Wert:	ca. 11
Arbeitstemperatur:	RT (20 bis 30 °C)
Warenbewegung:	ca. 5 cm/s

Anhang D

Layout und Dimensionierung der Phasenschieber

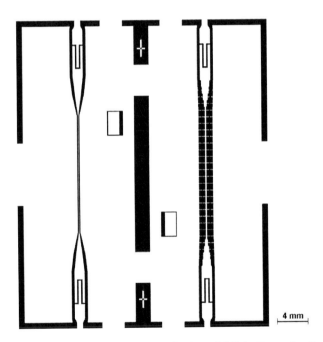

Bild D.1: *Layout der Elektrodenstruktur der Phasenschieber (Negativ); links: Konventionelles Design; rechts: Periodisch belasteter Phasenschieber*

152 ANHANG D. LAYOUT UND DIMENSIONIERUNG DER PHASENSCHIEBER

Tabelle D.1: *Abmessungen der Elektrodenstruktur der Phasenschieber aus Bild D.1 von außen zur Mitte, soweit nicht in Abschn. 8.1 angegeben, in mm*

	PS-1 (Bild D.1 links)	PS-2 (Bild D.1 rechts)
Länge des Tapers des Gehäuseübergangs	0,5	0,5
CPW-Struktur $2s^* / g^*$	2 / 0,8	2 / 0,8
Länge des geraden CPW-Abschnitts (mit DC-Entkoppler)	6	6,6
Länge des Impedanztransformators	5	4
Länge der Aktiven Zone	15	17
Länge x Breite des DC-Pads	3 x 1,5	3 x 1,5
Spaltbreite zur Masse	0,1	0,1

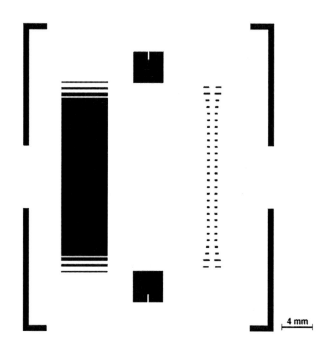

Bild D.2: *Layout der Dickschichtstruktur der Phasenschieber (Positiv); links: Konventionelles Design; rechts: Periodisch belasteter Phasenschieber*

Institut für Werkstoffe der Elektrotechnik
Fridericana Universität Karlsruhe

IWE Band 1: Schichlein, H.
Experimentelle Modellbildung für
die Hochtemperatur Brennstoffzelle SOFC
1. Auflage 2003, 222 Seiten
ISBN 3-86130-229-2 [40,4 €]

IWE Band 2: Herbstritt, D.
Entwicklung und Modellierung
einer leistungsfähigen Kathoden-
struktur für die Hochtemperatur-
brennstoffzelle SOFC
1. Auflage 2003, 182 Seiten
ISBN 3-86130-230-6 [40,4 €]

IWE Band 3: Zimmermann, F.
Steuerbare Mikrowellendielektrika aus ferroelektrischen Dickschichten
1. Auflage 2003, 165 Seiten
ISBN 3-86130.231-4 [40,4 €]